Hemant Rahangdale
M. A. Khan

Desenvolvimento e avaliação da qualidade de Khichdi fortificado com painço

Hemant Rahangdale
M. A. Khan

Desenvolvimento e avaliação da qualidade de Khichdi fortificado com painço

ScienciaScripts

Imprint

Cover image: www.ingimage.com

This book is a translation from the original published under ISBN 978-3-659-83409-7.

Publisher:
Sciencia Scripts
is a trademark of
Dodo Books Indian Ocean Ltd. and OmniScriptum S.R.L publishing group

120 High Road, East Finchley, London, N2 9ED, United Kingdom
Str. Armeneasca 28/1, office 1, Chisinau MD-2012, Republic of Moldova, Europe
Managing Directors: Ieva Konstantinova, Victoria Ursu
info@omniscriptum.com

Printed at: see last page
ISBN: 978-620-8-52490-6

ÍNDICE DE CONTEÚDOS

1. INTRODUÇÃO

Na Índia, a área de produção de painço menor é de 2,4 milhões de hectares, com uma produção de 2,7 milhões de toneladas, dos quais o painço menor, com exceção do painço-dedo, é cultivado numa área de 1,0 milhões de hectares, com uma produção de 0,53 milhões de toneladas e uma produtividade de 530 kg/ha. (Anon., 2008).

O milheto Kodo *(Paspalum scrobiculatum)* é uma das culturas mais resistentes cultivadas em Madhya Pradesh, Maharashtra e Uttar Pradesh e em várias outras partes da Índia. O painço menor, como o kodo, é também descrito como painço nutritivo e tem recebido muito menos atenção em termos de investigação e desenvolvimento do que outras culturas no que respeita ao melhoramento e utilização das mesmas. De acordo com a Direção de Desenvolvimento do Milho, o milho miúdo é cultivado numa área de cerca de 907 800 ha, com uma produção anual de cerca de 310 710 toneladas. É a principal fonte de proteínas e minerais nos regimes alimentares diários das tribos e dos grupos mais fracos que vivem em zonas rurais remotas. O painço é nutricionalmente superior a outros cereais. O painço contém uma elevada proporção de hidratos de carbono complexos e fibras alimentares que ajudam a prevenir a obstipação e a libertação lenta de glicose na corrente sanguínea. O índice glicémico é uma ferramenta importante utilizada no tratamento de pessoas com diabetes, na gestão de doenças cardiovasculares e em programas de regulação do peso.

Khichdi é a combinação de arroz e legumes cozinhados em conjunto. É necessário escolher feijões que cozinhem ao mesmo tempo que o arroz. O khichdi é considerado fácil de digerir e de dar aos doentes. Khichdi em hindi significa um "haxixe" de arroz e legumes. A combinação mais comum de khichdi é arroz e feijão mungo decapado dividido, moong dal e arroz.

É o alimento de desintoxicação ayurvédico - mas também pode ser encontrado em muitas mesas de jantar num dia normal. O khichdi, que se pronuncia kich-ah-ree e por vezes se escreve "kitchari" ou "khichdi", é utilizado há muito tempo para alimentar os bebés e os idosos, os doentes e os saudáveis durante períodos especiais de desintoxicação, limpeza e prática espiritual profunda. Uma mistura simples de feijão e arroz, semelhante a uma papa, o khichdi é muitas vezes referido como a "comida de conforto" indiana. Mas, talvez ao contrário da ideia ocidental de comida de conforto ou mesmo de comida saudável, o khichdi tem muitos benefícios nutritivos e de limpeza.

Este prato é uma refeição completa em si mesmo. É composto por dal - uma fonte rica de proteínas e o arroz adiciona hidratos de carbono. No geral, é uma refeição que pode ser um prato independente que pode servir o objetivo de fornecer energia e nutrição por todos os meios. Devemos optar pelo arroz integral, que retém as suas fibras, em vez do nosso arroz branco polido. Com o tempero estamos a adicionar gorduras boas, fibras e alho, que ajudam na digestão das proteínas e reduzem os níveis de colesterol, mantendo assim o coração saudável.

O Greengram contém 62,62% de hidratos de carbono, 23,86% de proteínas e 16% de fibras alimentares (por 100 g) (Wikipedia). Não é pesado e não tem tendência para flatulência. O dhal cozinhado de grama verde é um alimento muito digestivo para pessoas inválidas e doentes. A sua utilização regular durante a infância, a gravidez e a lactação ajuda a obter a nutrição necessária.

O Kodo millet (kodri), o cereal selvagem, tem propriedades medicinais que podem ajudar os diabéticos e até os obesos. O kodo, que é cozinhado como o arroz, é cultivado em muitos países para o seu grão e para forragem. Na Índia, é maioritariamente cultivado em partes de Gujarat, Maharashtra, Madhya Pradesh, Andhra Pradesh, Tamil Nadu, Odisha e Bihar.

"Desde a antiguidade que o kodo é consumido como alimento por doentes diabéticos, uma vez que tradicionalmente se acreditava que reduzia o nível de açúcar", disse o professor Daniel, que iniciou o estudo na MSU e o completou no Laboratório do Dr. Daniel, ao TOI. "Experiências recentes provaram que os extractos aquosos e etanólicos deste grão produziam uma queda dependente da dose da glicose no sangue em jejum (FBG) e um aumento significativo do nível de insulina no soro. Mas os compostos responsáveis pela redução do nível de açúcar não eram conhecidos até agora".

Através da investigação, o professor isolou cinco compostos anti-diabéticos - quercetina (o principal), ácido ferúlico, ácido p-hidroxibenzóico, ácido vanílico e ácido siríngico - do kodri e uma substância química (quercetina) que previne a obesidade.

"O extrato alcoólico de kodri, que é responsável pela propriedade antidiabética, possui compostos antidiabéticos como a quercetina (um flavonol) e ácidos fenólicos como o ácido vanílico, o ácido siríngico, o ácido cis-ferúlico, o ácido p-hidroxibenzóico e o ácido melilótico", afirmou. "Os dados sobre os fitoquímicos do kodri confirmam a propriedade antidiabética deste grão. Além disso, a presença de fosfolípidos, o teor de fibras e o baixo teor de óleo... fazem deste grão um verdadeiro nutracêutico."

Objectivos:

- Formular e desenvolver Khichdi para doentes diabéticos.
- Normalização do processo - rácio de mistura através de avaliação sensorial.
- Avaliar as caraterísticas sensoriais, físicas, funcionais e nutricionais do Khichdi desenvolvido.
- Estudar o prazo de validade do Khichdi desenvolvido em diferentes materiais de embalagem.

2. REVISÃO DA LITERATURA

Neste capítulo, foi feita uma tentativa de assimilar os trabalhos anteriores no âmbito do presente estudo, que foram úteis na interpretação dos resultados. A literatura referia-se ao planeamento e execução da presente investigação e à discussão dos resultados. A revisão foi apresentada da seguinte forma.

2.1 Valor nutritivo dos cereais e leguminosas

Nagpal e Bhatia (1971) referiram que as proteínas da grama verde são principalmente deficientes em aminoácidos contendo enxofre e triptofano, embora a sua composição de aminoácidos seja mais equilibrada.

Geervani e Theophillus (1980) referiram que a grama verde cozida tinha melhorado significativamente o valor biológico, o coeficiente de digestibilidade, o rácio de eficiência proteica e a utilização líquida de proteínas do que a grama verde não transformada.

Reddy et al. (1982) revelaram que as leguminosas alimentares são uma fonte mais barata de proteínas vegetais, com potencial para serem utilizadas como substituto das proteínas animais a nível mundial. A qualidade das proteínas é algo inferior à das proteínas animais devido à deficiência de dois aminoácidos limitantes, nomeadamente a metionina e o triptofano, bem como à presença de certos factores anti-nutricionais, como os inibidores da tripsina, os fitatos, os polifenóis, etc., que afectam negativamente o seu valor nutritivo. Foi relatado que as proteínas presentes nas leguminosas interagem com lípidos, taninos, fitatos e compostos aromatizantes, tornando-as indisponíveis para fins nutricionais.

Rossi e Germondani (1984) revelaram que as leguminosas contêm 20-30% de proteínas e cerca de 60% de hidratos de carbono. São também uma fonte bastante boa de tiamina, ácido nicotínico, cálcio, ferro, cobre, zinco, potássio e manganês. Os lípidos totais estavam presentes na ordem dos 1-5%. Verificou-se que a composição proximal varia de espécie para espécie e de variedade para variedade.

Salunkhe e Kadam (1989) e Reddy et al. (1980) referiram que as leguminosas cozinhadas são a fonte mais rica de tiamina, piridoxina e niacina. Além disso, os grãos de leguminosas também fornecem cálcio e ferro à nossa dieta.

Kumari e Sumathi (2002) consumiram dietas à base de milho painço, o que resultou em níveis de glicose plasmática significativamente mais baixos, pico médio de aumento e área sob a curva, o que pode ter sido devido ao maior teor de fibra do milho painço do que o arroz e o trigo. A resposta glicémica mais baixa das dietas à base de milho-miúdo integral pode também dever-se à presença de factores antinutricionais no milho-miúdo integral, que se sabe reduzirem a digestibilidade e a absorção do amido.

Arora e Srivastava (2002) investigaram o efeito glicémico de 3 alimentos à base de milho painço, Khichdi, laddu e baati, em 10 mulheres adultas. Os alimentos foram preparados utilizando o milheto *(Eleusinecoracana* var. VL M andua-149) ou o milheto *(Echinochloacolona* var. VL M andira-29) como base, misturado com leguminosas e sementes de feno-grego. Todos os alimentos tiveram um efeito hipoglicémico nas fêmeas. Os valores do índice glicémico (IG) dos alimentos à base de milho painço foram de 25,53, 34,62 e 36,12 e dos alimentos à base de milho painço, foram de 27,24, 34,68 e 36,71 para o Khichdi, laddu e baati, respetivamente. O IG dos diferentes alimentos não foi significativamente diferente $(P > 0,05)$.

Park et al. (2008) a alimentação com proteína de milho painço melhorou as respostas glicémicas e a insulina em ratos diabéticos de tipo 2 geneticamente obesos em condições de alimentação rica em gordura.

Shirsat et al. (2008) O milheto Kodo, um material alimentar na Índia, é nutricionalmente comparável a outros cereais comuns e até superior ao arroz e ao trigo em alguns aspectos, como minerais e fibras. Foram realizados estudos sobre as propriedades físicas e de engenharia das variedades locais de milho painço Kodo na gama de humidade de 13,47 a 50,60% (dB) para gerar informações que ajudem a conceber, desenvolver e modificar o manuseamento, o processamento, os equipamentos/máquinas e o sistema de armazenamento. Verificou-se que a massa de mil grãos aumentou de 5,55 para 7,32 g, a esfericidade variou de 0,75 para 0,81, a relação comprimento-largura variou de 1,30 para 1,18 e o diâmetro equivalente variou de 2,15 para 2,31 mm. Observou-se ainda que a densidade aparente diminuiu de 760 para 640 kg/m3 enquanto a densidade real aumentou de 1200 para 1240 kg/m3. O ângulo de repouso e a porosidade aumentaram linearmente de 250 34' para 330 47' e de 37,7 para 48,39%, respetivamente. Os resultados indicam que o teor de humidade dos grãos afecta significativamente algumas das propriedades físicas e de engenharia do milho-miúdo.

Shobana et al. (2009) A diabetes mellitus é uma doença metabólica crónica caracterizada por hiperglicemia com alterações no metabolismo dos hidratos de carbono, das proteínas e dos lípidos. É considerada a doença endócrina mais comum e resulta de uma produção deficiente de insulina ou de uma resistência combinada à ação da insulina e à resposta secretora de insulina. No entanto, embora os inibidores químicos sintéticos da alfa-glucosidase e da amilase pancreática desempenhem um papel vital no controlo clínico da hiperglicemia pós-prandial, os inibidores naturais são potencialmente mais seguros. Sugere-se que a ingestão de alimentos integrais é benéfica para a prevenção e controlo da diabetes mellitus e, epidemiologicamente, foi relatada uma menor incidência de diabetes em populações que consomem painço.

Kaushik et al. (2010) revelaram que as leguminosas alimentares são amplamente consumidas em todo o mundo e constituem uma boa fonte de proteínas alimentares, hidratos de carbono e minerais. As técnicas comuns de transformação doméstica, como a demolha, a germinação e a cozedura, aumentam a digestibilidade e o valor nutritivo das leguminosas.

Desai et al. (2010) também documentaram que o milheto ajuda a controlar os níveis de glicose no sangue em pacientes diabéticos de forma muito eficiente.

Balasubramanium *et al.* (2010), investigaram que os painços menores contêm um teor de humidade que varia entre 11,1 e 25% db. O peso de mil grãos aumentou de 2,3 para 6,1 g e o ângulo de repouso aumentou de 25,0 para 38,2°. A densidade a granel diminuiu de 868,1 para 477,1 kg/m^3 e a densidade verdadeira de 1988,7 para 884,4 kg/m^3 para todos os painços menores quando observados na gama de humidade de 11,1 a 25%. A porosidade diminuiu de 63,7 para 32,5%. O coeficiente de fricção estática dos painços menores contra a superfície de aço macio aumentou de 0,253 para 0,728 e o coeficiente de fricção interna estava na faixa de 1,217 e 1,964 na faixa de humidade estudada. A dureza do grão diminuiu de 30,7 para 12,4 para todos os painços menores quando o teor de humidade foi aumentado de 11,1 para 25% db.

Os resultados de Paul *et al.* (2011) mostraram que a grama verde continha 21,57 g/100g de proteína, 1,53 g/100g de gordura bruta, 0,63 g/100g de fibra bruta, 12,07 g/100g de humidade, 3,85 g/100g de cinzas totais e 60,35 g/100g de hidratos de carbono, respetivamente. Os teores minerais de fósforo (315,30mg/100g), ferro (5,04mg/100g) e cálcio (72,89mg/100g) foram encontrados em nível moderado.

No kodo millet (Millets future of food and farming 2008) contém proteína 8,3g/100g, fibra 9g/100g, mineral 2,6g/100g, ferro 0,5 mg/1 00g e cálcio 27 mg/1 00g, respetivamente.

O painço pequeno (Millets future of food and farming 2008) contém proteínas 7,7g/100g, fibra 7,6g/100g, minerais 1,5g/100g, ferro 9,3 mg/100g e cálcio 17 mg/1 00g, respetivamente.

Yadav et al. (2013) determinaram os valores da área incremental sob a curva (IAUC), do IG e da carga glicémica (GL) para cada alimento testado. O IG do Idli à base de Kodo (58,53 (SEM 1,48)) e do Sewai upma (65,49 (SEM 1,01)) foi consideravelmente mais baixo do que o Idli de controlo (67,11 (SEM 3,25)) e o Sewai upma (69.A correlação entre GI-GL ($r2$ =0,999, $p<0,01$) e entre GI e IAUC ($r2$ =0,994, $p<0,01$) foi positiva e altamente significativa. A inclusão destes produtos de valor acrescentado contendo kodo millet na dieta diária pode ajudar a um melhor controlo da glicose e a evitar complicações diabéticas.

Amadou et al. (2013) O painço é uma importante fonte de alimento nas regiões áridas e semi-áridas do mundo. Os painços são boas fontes de energia. Fornecem proteínas, ácidos gordos, minerais, vitaminas, fibras alimentares e polifenóis. A proteína típica do painço contém uma grande quantidade de aminoácidos essenciais, especialmente os aminoácidos com enxofre (metionina e cisteína). A transformação do painço por moagem remove as camadas de farelo e de gérmen, que são ricas em fibras e fitoquímicos, causando perdas significativas. O painço é uma fonte de antioxidantes, tais como ácidos fenólicos e flavonóides glicados. Os alimentos à base de milho são caracterizados por serem potenciais prebióticos e podem aumentar a viabilidade ou a funcionalidade dos probióticos com benefícios significativos para a saúde. A importância nutricional do painço exige um exame das caraterísticas nutricionais e das propriedades funcionais de diferentes cultivares de painço, bem como o desenvolvimento de produtos de valor acrescentado a partir do painço.

Agrawal et al. (2013). Foi efectuado um estudo para determinar as propriedades funcionais da farinha maltada e não maltada preparada a partir de foxtail, barnyard e pequenos painços. A percentagem máxima de humidade e germinação foi observada no painço sanwan, seguido do kutki e do kangni. Os tempos de maceração finalmente selecionados foram 18 horas para o kutki e o sanwan e 12 horas para o kangni. A percentagem de rendimento da farinha de malte do grão de painço após as operações de germinação, secagem, descasque e peneiração foi máxima para o painço sanwan, seguido do kutki e do kangni. A densidade aparente da farinha de painço foxtail (kangni) não maltada foi de 0,70 gcc-3, inferior à observada para a farinha de painço barnyard (sanwan) não maltada, 0,80 gcc-3. A densidade aparente mais elevada foi encontrada para a farinha de painço pequeno (kangni) não maltado 0,82 gcc-3. Considerando que a farinha maltada mostrou um aumento na capacidade de absorção de gordura de 110 a 180 ml/100g foi estatisticamente significativo em comparação com a farinha não maltada dos três painços.

2.2 Desenvolvimento, formulação e análise de valores de produtos à base de cereais e leguminosas.

Ashturkar et al. (1992) referiram que quatro tipos de alimentos de desmame, nomeadamente, RGB - rajkeera: grama verde: dhal de grama de bengala, BRB - bajra: flocos de arroz: dhal de grama de bengala, JSB - jowar: soja: dhal de grama de bengala, JPB - jowar: grama de bengala tufada: misturas de grama verde foram formulados e avaliados quanto às caraterísticas sensoriais. Os alimentos de desmame forneceram 349-362 Kcal, 12,6-17,2 g de proteínas por 100g. Entre os quatro alimentos de desmame, o RGB tinha os teores mais elevados de cálcio e ferro e as percentagens máximas de digestão de proteínas e hidratos de carbono.

Gimbi e Almazan (1997) reportaram que no Tanzana a farinha de cereais germinada adicionada aos alimentos de desmame que consistiam em cereais não germinados e alguma leguminosa reduziu o volume e a viscosidade e aumentou a densidade de nutrientes.

Gujral e Sodhi (2002) concluíram que a concentração de grãos de trigo tinha o efeito mais pronunciado na consistência, seguida da temperatura e da concentração de açúcar. O coeficiente de consistência aumentou com o aumento do grão e da concentração de açúcar, mas diminuiu com o aumento da temperatura.

Vijayakumari et al. (2009), investigaram que a farinha composta contendo kodo *(Paspalum Scrobiculatum)* e farinha de Millet de barnyard *(Echinochloa colona)*, farinha de trigo integral e farinha de soja desengordurada de quatro combinações diferentes foram preparadas e estudaram o impacto da incorporação da mistura de farinha de Millet nas caraterísticas da farinha composta. Os resultados indicaram que o teor de glúten húmido e seco, a densidade aparente, WAC, SP diminuíram significativamente ($p<0,05$); o nível de sinérese e OAC, a temperatura de conclusão da gelatinização, o intervalo de gelatinização (R), o teor de proteína e fibra bruta aumentaram significativamente a $p<0,05$ com o aumento da proporção da mistura de farinha de painço. Devido à menor viscosidade de pico da mistura de farinha de milho, as viscosidades de pico de todas as farinhas compostas contendo mistura de farinha de milho foram baixas, em comparação com a farinha composta padrão. A viscosidade de recuo aumentou com o aumento da proporção da mistura de farinha de milho. Assim, as propriedades analisadas da farinha composta foram significativamente modificadas ao aumentar o nível de incorporação da mistura de farinha de painço.

Islam et al. (2012) a incorporação de farinha de arroz integral pode ser justificada em biscoitos à base de farinha composta, pois tem propriedades nutracêuticas benéficas e sua natureza sem glúten pode desempenhar um papel importante na prevenção do problema celíaco. As propriedades físico-químicas e funcionais do arroz integral e da farinha de trigo foram estudadas e os biscoitos foram preparados com a incorporação de farinha de arroz integral em 0, 5, 10, 15 e 20 % com a farinha de trigo para avaliar a qualidade e aceitabilidade dos biscoitos. A capacidade de absorção de água da farinha de arroz integral foi menor do que a da farinha de trigo ($p<0,05$), enquanto que a absorção de óleo e a capacidade de formação de espuma da farinha de arroz integral foram significativamente maiores do que a da farinha de trigo ($p<0,05$

2.3 Análise sensorial

Jonhson (1970) descobriu que as propriedades funcionais têm sido a função das proteínas em diferentes sistemas alimentares. Estas incluem o fornecimento de cor, sabor, odor e textura aceitáveis aos produtos alimentares. Algumas das propriedades funcionais desejáveis são a fácil molhabilidade, a boa dispensabilidade da água e a dispersão clara numa vasta gama de pH, a viscosidade desejável, a formação de espuma em gel, a elasticidade, a formação de espuma na película e as propriedades de aeração.

Bagley e Christianson (1982) estudaram a capacidade de inchamento do amido e a sua relação com a suspensão, a viscosidade, o efeito do tempo de cozedura, a temperatura e a concentração. Verificou-se que a viscosidade aumentava muito rapidamente com uma concentração superior a 16%

à temperatura mais baixa de 60°C. À medida que a temperatura de cozedura foi aumentada para 65, 70 e 75°C, estes aumentos rápidos da viscosidade ocorreram com concentrações progressivamente mais baixas.

Sanni et al. (1999) efectuaram uma investigação sobre as caraterísticas físico-químicas de alimentos para desmame formulados a partir de diferentes misturas de cereais e soja. Os resultados mostraram que todas as misturas fermentadas se reconstituíam bem em água a ferver e tinham uma maior capacidade de retenção de água. Houve também um aumento nos valores do índice de gelatinização das misturas no final da fermentação.

Aboubacar et al. (1999) referem que os atributos sensoriais importantes que afectam a aceitação das papas de sorgo pelo consumidor na África Ocidental estão relacionados com testes de qualidade. Os resultados indicaram que os atributos sensoriais mais importantes que determinaram a aceitação do consumidor foram a textura, seguida do sabor e do aroma, enquanto a aparência e a cor foram os atributos menos importantes. Os consumidores consideraram aceitável uma vasta gama de cores das papas.

Vidyavati *et al.* (2004) investigaram que o papad foi preparado substituindo 50% da mistura de farinha de dhal de grama preta e farinha de sagu por farinha de milho miúdo e compararam-no com o papad de dhal de grama preta em termos de atributos sensoriais, caraterísticas da massa, propriedades de enrolamento e qualidade nutricional. A farinha de milho painço teve uma pontuação sensorial mais elevada de 4,7 numa escala hedónica de cinco pontos. A papada de milho painço era rica em Ca (102 mg% em torrado e 109 mg% em frito) em comparação com a papada de dhal de grama preta (82 mg% em torrado e 99,6% mg% em frito). A substituição por milho painço não afectou as caraterísticas de qualidade da papa.

Sadana e Chabra (2004) efectuaram uma pesquisa sobre o desenvolvimento e avaliação sensorial de formulações alimentares de baixo custo para desmame. Concluíram que as formulações de alimentos de desmame com farinha de cereais germinada e suplementada eram mais aceitáveis do que os produtos de controlo preparados com farinha de trigo não germinada.

Kanu et al. (2009) realizaram uma investigação sobre a produção e avaliação de papas à base de cereais de pequeno-almoço misturados com sésamo e ervilhas-de-angola para adultos. Verificou-se que os produtos formulados contêm 10-13% de proteínas, 7580% de hidratos de carbono e 132,2-477,8% de energia Kcal. Verificou-se que as papas de aveia misturadas são uma fonte rica em potássio e cálcio. Os autores recomendaram que estas papas poderiam ser utilizadas para satisfazer as necessidades nutricionais específicas de diferentes classes de pessoas.

Nyombaire et al., (2011) analisaram a qualidade físico-química e sensorial da papa extrudida de feijão vermelho (Phaseolus vulgaris L.). Verificaram que os parâmetros sensoriais eram significativamente diferentes em comparação com o controlo (papa tradicional do Ruanda). O aumento do teor de humidade de 25 g/100g para 36 g/100g aumentou significativamente a densidade aparente média.

Mandge et al. (2011) estudaram o efeito do tratamento de cozedura nas propriedades físico-químicas e funcionais de papas instantâneas multigrãos. A absorção de água dos grãos aumentou significativamente com o aumento do tempo/temperatura de cozedura. A gelatinização completa do amido sem viscosidade nos grãos cozinhados foi obtida a 65 °C/3,5 h (demolha) seguida de vaporização (15 psi/15 min). Concluiu-se que as misturas de vários grãos podem ser instanciadas num alimento de pequeno-almoço tradicional aceitável e nutritivo (papa). As papas multigrãos submetidas a um tratamento de demolha a 65 °C/3,5 h e a um tratamento de vaporização durante 20 min apresentaram melhores propriedades físicas e sensoriais.

Ghavidel e Davoodi (2011) estudaram o processamento e a avaliação das caraterísticas de qualidade de alimentos compostos para bebés. Os resultados da análise mostraram a seguinte gama de constituintes por 100 g de formulações com base no peso seco: proteína, 18,1-18,9 g; gordura, 0,78-1,36 g; ferro, 5,09-6,53 mg; cálcio, 265-310 mg. A capacidade de absorção de água mais baixa registou-se no caso da amostra à base de grama verde de trigo e a mais alta na amostra à base de lentilha de arroz.

2.4 Armazenamento

Velu *et al.* (2004) referiram que o *papad* varia através da adição de um grande número de ingredientes, tais como farinha de cereais, farinha de leguminosas, farinha de soja, misturas de especiarias, misturas químicas e diferentes sumos de vegetais para melhorar as caraterísticas organolépticas e nutricionais. O efeito da incorporação de vários ingredientes, nomeadamente nalleru *(Cissus quadrangularis),* goma karaya *(Sterculia urens)* e farinha de soja, na expansão diametral e na absorção de óleo das *papas. Papads* de 10 cm de diâmetro foram fritos em gordura a 185 ±5C após diferentes períodos de armazenamento até 60 dias. A adição de farinha de soja reduziu a absorção de óleo.

Rahman *et al.* (2008), relataram que os cinco tipos diferentes de papads foram preparados usando 0%, 5%, 10%, 15%, 20% de farinha de soja com leguminosas e outros ingredientes. Os produtos foram analisados em termos de composição proximal, análise química e avaliação do tempo de vida. Os teores de humidade, proteína, gordura, cinzas e hidratos de carbono totais nas amostras de papads secas situaram-se entre 10,10 e 10,33%, 24,13 e 28,03%, 1,06 e 5,35%, 1,53 e 1,97% e 54,55 e 62,95%, respetivamente. Não foram observadas alterações significativas no teor de humidade, na textura e no sabor até 5 meses de armazenamento à temperatura ambiente (27 a 35^0C), o que indica que os produtos são estáveis até 5 meses.

Mridula et al. (2010) revelaram que o sattu de grama de bengala fortificado foi preparado seguindo o procedimento padronizado de fabrico de sattu e fortificado de acordo com a FDA usando farinha de trigo com tiamina, riboflavina, niacina, Ca e Fe e armazenado a 25°C, 65% RH e 35°C, 65% RH e em condições ambientais (16-39°C, 18-98% RH) em polietileno de baixa densidade e bolsas de folha de alumínio laminado. A acidez alcoólica aumentou 0,04% em diferentes amostras de sattu durante 180 dias de armazenamento. O teor de ácidos gordos livres (como ácido oleico) também aumentou de 0,06% (em fresco) para 0,14%; no entanto, não afectou a aceitabilidade sensorial do sattu armazenado em diferentes condições. A digestibilidade das proteínas e os teores de Ca e Fe na amostra fortificada foram de 80%,

170.1 mg/100g e 12,5 mg/100 g, contra 80,6%, 69,5% e 10,2 mg/100 g, na amostra de controlo, respetivamente. As temperaturas de armazenamento e os materiais de embalagem não afectaram a qualidade geral do sattu fortificado, exceto o teor de humidade e a carga microbiana total durante seis meses de armazenamento.

Khanam et al. (2011) relataram que as formulações de alimentos suplementares continham 20-21% de proteína 370-390 Kcal de energia e 2300 hg de B caroteno por 100g. Os estudos sensoriais indicam que os produtos eram aceitáveis com um prazo de validade de 1 ano em condições normais de armazenamento. No entanto, as papas formuladas eram nutricionalmente melhores do que as formulações de alimentos suplementares à base de cereais disponíveis no mercado.

Khan et al. (2012) estudaram a otimização e a estabilidade da mistura de papas de trigo instantâneas (Dalia). Verificou-se que a mistura de papas instantâneas (Dalia) permaneceu estável durante 9 e 12 meses, respetivamente, em bolsas de polipropileno (PP) e de poliéster metalizado (MP) à temperatura ambiente (15-34°C). A deterioração da mistura de papas instantâneas durante o armazenamento foi causada principalmente pela autoxidação dos lípidos, pelo acastanhamento devido à reação de Millard e pelo desenvolvimento de sabor desagradável. Propriedades físicas incluindo 1000 kernel.

3. MATERIAIS E MÉTODOS

As presentes investigações sobre "Padronização de processos e avaliação da qualidade de Khichdi fortificado com painço para pacientes diabéticos" foram realizadas no departamento de Tecnologia Alimentar, Faculdade de Agricultura, J.N.K.V.V., Jabalpur (M.P.) durante o ano de 2013-2014. O capítulo descreve, portanto, os materiais e as várias metodologias utilizadas na investigação.

3.1 Materiais experimentais

As matérias-primas selecionadas para a preparação de khichdi fortificado foram dois painços menores (Kodo e kutki) e greengram. Dos milhos selecionados, o kodo e o kutki foram fornecidos pelo Krishi Vigyan Kendra, distrito de Dhindori, e o greengram foi recolhido no mercado local de Jabalpur.

3.2 Preparação de Khichdi fortificado com painço

3.2.1 Transformação de grãos selecionados

Os grãos (kodo e kutki) obtidos foram bem secos e limpos. Além disso, estes grãos foram limpos para remover a sujidade e outras impurezas. Os grãos de kodo e de kutki foram descascados com uma descascadora para retirar as cascas, limpos e polidos para obter grãos limpos. A dimensão das partículas dos grãos foi variada, ajustando a distância entre as placas. A farinha fina foi retirada por peneiração e a distribuição granulométrica dos grãos foi determinada passando-os por peneiras normalizadas.

A grama verde foi limpa para remover a sujidade, o pó e as matérias estranhas por joeiramento. Os grãos limpos foram depois moídos num moinho vertical de discos metálicos, constituído por um disco fixo e um disco rotativo, e peneirados com peneiras de diferentes tamanhos para obter grãos grosseiros de tamanho semelhante.

O quadro seguinte mostra as diferentes combinações para a preparação de khichdi fortificado com milho.

Diferentes combinações para a preparação de khichdi à base de kutki

Combinations	Kutki	Green gram	Kodo
T1	100	-	-
T2	90	10	-
T3	80	20	-
T4	70	30	-
T5	60	40	-
T6	50	50	-
T7	50	20	30

Diferentes combinações para a preparação de khichdi à base de kodo

Combinations	Kodo	Green gram	Kutki
T1	100	-	-
T2	90	10	-
T3	80	20	-
T4	70	30	-
T5	60	40	-
T6	50	50	-
T7	50	20	30

3.2.2 Desenvolvimento e normalização de Khichdi enriquecido com painço

Foram efectuados estudos preliminares para normalizar a formulação para o desenvolvimento de diferentes Khichdi à base de cereais e leguminosas. O Khichdi fortificado com milho foi preparado a partir de kodo, grama verde e kutki utilizando as diferentes combinações acima referidas. Depois de misturados corretamente, foram submetidos a avaliações sensoriais e nutricionais.

3.2.3 Preparação de Khichdi fortificado com painço

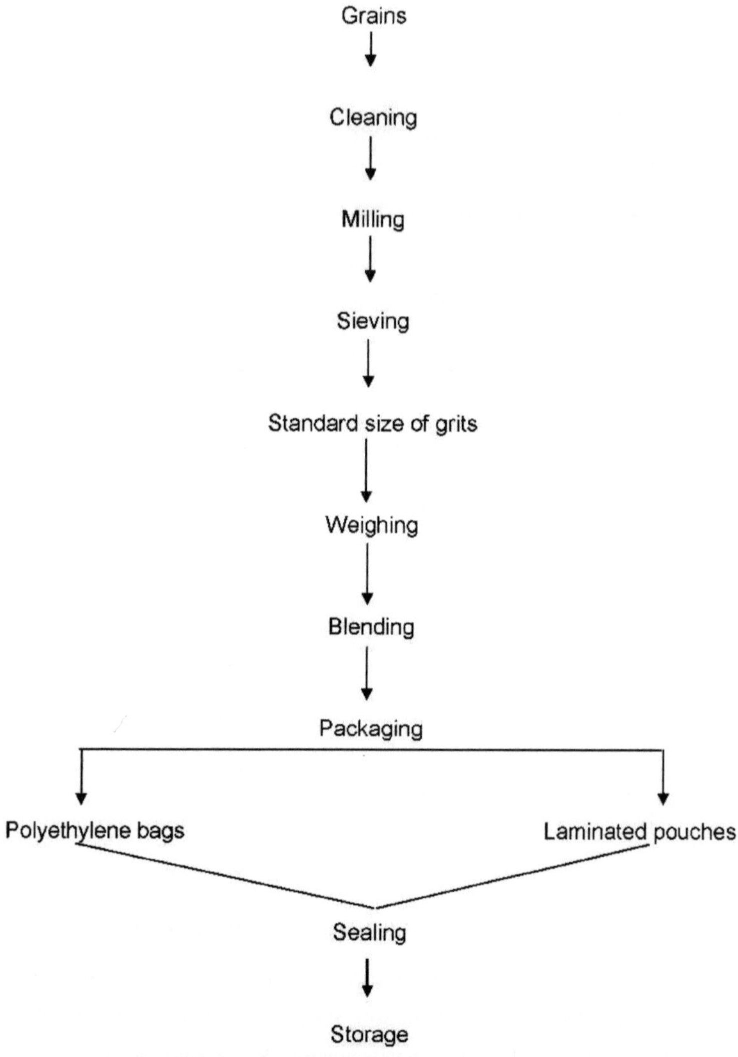

(Armazenado à temperatura ambiente 30+/-2 °C, HR 80%)

Diagrama de fluxo para a preparação de Khichdi fortificado com painço

3.3 Propriedades físicas e funcionais

3.3.1 Densidade a granel

Wang e Kinsella (1976) Colocou-se uma amostra de 3,0 g da amostra finamente pulverizada (60 mesh) numa proveta graduada de 25 ml e embalou-se suavemente, batendo com a proveta numa folha de borracha, até se obter um volume constante. O procedimento foi repetido pelo menos três vezes com amostras diferentes, tendo-se obtido o valor médio. A densidade aparente foi expressa em g ml-1 de amostra

$$\text{Bulk density (g ml}^{-1}\text{)} = \frac{\text{Weight of material (g)}}{\text{Volume of container (ml)}}$$

3.3.2 Capacidade de absorção de água (CAA)

3.3.3 O CMA foi determinado pelo método indicado por Sosulski et al. (1976). Colocou-se 1 g de amostra num tubo de centrifugação ao qual se adicionaram 10 ml de água. A mistura foi então deixada em repouso durante 10 minutos antes de ser centrifugada a 3500 rpm durante 30 minutos. A água foi completamente drenada por meio de um ângulo de 45° no tubo e, em seguida, medida. Os volumes inicial e final são indicados em percentagem.

3.3.3 Tempo de cozedura

O tempo de cozedura foi determinado segundo o método indicado por Mundra (2009). O tempo de cozedura foi anotado no caso da preparação do khichdi. Para tal, deixou-se cair uma quantidade conhecida de Khichdi numa quantidade conhecida de água a ferver e, de tempos a tempos, verificou-se o estado de cozedura do Khichdi pressionando o fio de Khichdi cozido entre as lâminas de vidro e o tempo necessário para o desaparecimento da mancha de giz foi considerado como tempo de cozedura.

3.3.4 Teor de humidade

A humidade foi analisada utilizando o analisador de humidade MBS4 a 100°C durante 10 minutos.

3.4 Análise aproximada

3.4.1 Hidratos de carbono

Os hidratos de carbono totais das amostras foram estimados pelo método de hidrólise, tal como descrito na AOAC (1995). Foram colocados 2,5 g de amostra no balão e suspensos em 200 ml de água destilada. Foram adicionados 20 ml de HCl 3N e refluxados num condensador de ar durante 3 horas. Após arrefecimento, foi neutralizado com álcali até pH 7,0, filtrado e o volume foi aumentado para 250 ml com água destilada.

O total de hidratos de carbono no filtrado foi determinado por titulação com a solução de Fehling (A & B), utilizando 1 ml de indicador azul de metilo. O fator foi calculado titulando dextrose a 1% com a solução de Fehling . Em cada titulação, a solução de Fehling no erlenmeyer foi aquecida com uma chama constante e a titulação foi efectuada com o filtrado na bureta até se obter o ponto final (cor vermelho-tijolo). O teor de hidratos de carbono totais foi calculado do seguinte modo

$$\text{Factor} = \frac{\text{1g dextrose X dextrose titration value}}{100}$$

$$\text{Dextrose \%} = \frac{\text{Factor x 250}}{\text{Titrated value X weight of sample}} \text{ X 100}$$

$$\text{Total carbohydrate (\%)} = \text{Dextrose \% X 0.9}$$

3.4.2 Proteína bruta

O teor de proteínas da amostra foi determinado utilizando o método de digestão, destilação e titulação Kel-Plus, tal como indicado pela AOAC (1995). 0,2 g de amostra foram pesados com exatidão e transferidos para DTL (tubos de digestão de grandes dimensões), tendo o cuidado de assegurar que o material não aderia ao gargalo dos tubos. Adicionou-se a mistura catalisadora de 0,3 g e ácido sulfúrico concentrado (10 ml). Em seguida, os tubos foram colocados numa posição inclinada na câmara de digestão e aquecidos até o líquido se tornar límpido (cor verde-azulada). Deixou-se arrefecer o conteúdo dos frascos, diluiu-se e destilou-se com hidróxido de sódio a 40% e ácido bórico a 4%. Durante a destilação, as amostras libertam amoníaco, que é absorvido no frasco cónico que contém ácido bórico e 2-3 gotas de indicador misto, mudando a cor para verde claro. O amoníaco destilado foi titulado com ácido sulfúrico 0,1N. O ensaio em branco também foi efectuado de forma semelhante. A percentagem de proteínas foi então calculada a partir da percentagem de azoto, pelo fator 6,25 da seguinte forma

$$\text{Nitrogen\%} = \frac{14.01 \times 0.1 \times (TV-BV) \times 100}{\text{Sample weight} \times 1000}$$

Onde,

TV	= Valor titulado
BV	= Valor em branco
14.01	= Peso molecular do amoníaco
0.1	= Normalidade do ácido sulfúrico para titulação
Proteína bruta (%)	= Nitrogénio% X 6,25

3.4.3 Cinzas

O teor de cinzas na amostra foi estimado queimando a amostra (5g) num queimador de gás até ficar completamente carbonizada. As amostras foram então colocadas numa mufla para combustão a 5200C durante 5 horas e pesadas após arrefecimento. O aquecimento na mufla foi repetido até se obter um peso constante (AOAC, 1995). A percentagem de cinzas foi então calculada da seguinte forma

$$\text{Ash (\%)} = \frac{\text{Initial weight} - \text{Final weight} \times 100}{\text{Weight of sample}}$$

3.4.4 Matéria gorda bruta

A gordura bruta foi extraída com éter de petróleo (grau AR 60-80°C) utilizando o SOC-PLUS, marca Pelican, como indicado pela AOAC (1995). Foram pesados com exatidão 5 g de amostra, colocados num dedal e tapados com algodão. O dedal foi colocado sobre um copo de soxlet previamente pesado (A). Os copos de soxlet foram então fixados no equipamento SOCS-PLUS e adicionados 80 ml de éter de petróleo. As amostras foram então aquecidas durante uma hora a 80^0C, após o que a temperatura foi aumentada para 160^0C durante mais uma hora. Após a extração, os dedais foram retirados e o excesso de solvente foi seco num forno de ar quente a 200°C, obtendo-se o peso final do copo. A gordura foi calculada da seguinte forma

$$\text{Crude Fat \%} = \frac{(\text{Final weight of beaker} - \text{Initial weight of beaker})}{\text{Weight of sample}} \text{X100}$$

3.4.5 Fibra bruta

O teor de fibra foi determinado por fibre plus - procedimento operacional para fibra bruta.

Pesar a amostra com exatidão e anotar os pesos (W).

Transferir a amostra pesada para cadinhos secos em estufa.

Colocar o cadinho no adaptador metálico da unidade de extração a quente fiber plus e assegurar a vedação adequada do cadinho contra a borracha do adaptador.

Lavagem ácida

Deitar 150 ml de H_2SO_4 a 1,25 % nos extractores, a partir do topo, para cada amostra.

Não sair de nenhum sítio sem o cadinho.

Ligar o instrumento e regular a temperatura inicial para $500^{O}C$.

Após o início da ebulição, reduzir a temperatura para $400^{0}C$.

Deixar ferver as amostras em ácido durante 45 minutos.

Após 45 minutos de ebulição, escorrer o ácido e lavar as amostras duas ou três vezes com água destilada.

Durante a drenagem, certificar-se de que o botão está no modo de vácuo.

Se a drenagem não for eficaz devido ao entupimento da amostra no cadinho, manter o botão no modo de pressão, premir o botão de pressão duas ou três vezes e rodar imediatamente o botão para o modo de vácuo.

Lavagem alcalina

Deitar 150 ml de NaOH a 1,25 % nos extractores, a partir do topo, para cada amostra.

Não sair de nenhum sítio sem o cadinho.

Ligar o instrumento e regular a temperatura inicial para $500^{0}C$.

Após o início da ebulição, reduzir a temperatura para $400^{0}C$.

Deixar ferver as amostras durante 45 minutos em álcali.

Após 45 minutos de ebulição, drenar o álcali e lavar as amostras duas ou três vezes com água destilada.

Durante a drenagem, certificar-se de que o botão está no modo de vácuo.

Se a drenagem não for eficaz devido ao entupimento da amostra no cadinho, manter o botão no modo de pressão, premir o botão de pressão duas ou três vezes e rodar imediatamente o botão para o modo de vácuo.

Após a lavagem com álcali, retirar os cadinhos e secá-los em estufa de ar quente a 100^0C até que os cadinhos estejam isentos de humidade.

Arrefecer o cadinho quente até à temperatura ambiente utilizando um exsicador.

Pesar os cadinhos e registar a leitura (CWBA=W1)

Colocar todos os cadinhos na mufla a 400^0C para incineração.

Arrefecer todos os cadinhos quentes após a incineração até à temperatura ambiente utilizando um exsicador.

Pesar agora os cadinhos e registar as leituras (CWAA=W2)

CÁLCULO

Peso da amostra	= W
CWBA	= W1
CWAA	= W2
W3	= (W1-W2)
% de fibra bruta	= (W3/W) X100

3.4.6 Estimativa dos minerais

O conteúdo de minerais do khichdi foi obtido por cálculo usando valores de tabela (Gopalan et al. 1996). Neste caso, o conteúdo mineral percentual foi calculado com base no conteúdo mineral dos diferentes ingredientes utilizados na formulação do Khichdi.

3.4.7 Valor energético

Os valores de energia total foram calculados utilizando os valores 4, 4 e 9 para as proteínas, os hidratos de carbono e as gorduras, respetivamente, da seguinte forma

Energia total (kcal/100g) = [(% hidratos de carbono disponíveis X4) + (% proteínas X4) + (% gorduras X9)]

1.3 Avaliação sensorial

Todas as combinações de Khichdi foram cozinhadas, respetivamente, em água a ferver numa proporção de grãos para água de 1:8 (p/v). As propriedades organolépticas do Khichdi fortificado foram avaliadas por um painel de 10 juízes com base nos atributos sensoriais de cor e aspeto, sabor, aroma, sensação na boca e aceitabilidade global. A avaliação foi feita com base numa escala hedónica de nove pontos, tal como descrita por Amerine et al. (1965).

FICHA DE AVALIAÇÃO SENSORIAL

Dê a classificação dos produtos alimentares fornecidos quanto aos atributos sensoriais com base nas seguintes classificações:

Como extremamente 9

Gosto muito 8

Como moderadamente 7

Como ligeiramente 6

Nem gosto nem não gosto 5

Não gosto ligeiramente 4

Não gosto moderadamente 3

Não gosto muito 2

Não gosto muito 1

Sensory Attributes	T1	T2	T3	T4	T5	T6
Colour						
Aroma						
Taste						
Texture						
Overall acceptability						

Comentários:

3.6 Estudos de armazenamento

Os estudos sobre o prazo de validade do Khichdi fortificado foram efectuados em bolsas de polietileno e laminadas durante um período de 3 meses à temperatura ambiente. 250 g da melhor combinação de Khichdi fortificado e amostras de controlo foram embaladas e mantidas à temperatura ambiente durante 90 dias. Ambas as amostras foram retiradas periodicamente após 0, 30, 60, 90 dias e analisadas quanto à humidade e aceitabilidade geral, de acordo com os procedimentos padrão descritos anteriormente neste capítulo.

3.7 Análise estatística

Os resultados/dados da análise para diferentes parâmetros foram analisados estatisticamente para avaliar o grau de variação dentro dos tratamentos em comparação com o controlo. Os dados foram submetidos a uma análise de variância (ANOVA) e à diferença mínima de significância para determinar a diferença entre as médias, analisadas pelo pacote informático Genstat, utilizando o Completely Randomized Design (CRD) a um nível de significância de 5%.

O esqueleto da análise de variância

Source of variance	d.f.	SS	MSS	F calculated	F table value (5%)
Treatments	(t-1)	TSS	TMS	TMS/EMS	
Error	(n-t)	ESS	EMS		
Total	(n-1)				

Onde,
t = Número de tratamentos
n= Número de observações
d.f. = Grau de liberdade
T.S.S. = Soma dos quadrados do tratamento
E.S.S. = Erro da soma dos quadrados
S.M.T. = soma média dos quadrados dos tratamentos
E.M.S. = Soma média dos quadrados do erro

$$C.V. = \sqrt{\frac{EMS}{GM}} \times 100$$

$$SE(d) = \sqrt{\frac{2EMS}{r}}$$

C.D. = t (0,05) x SE(d)

Onde,

C.V.	=	Coeficiente de variação
S.E.(d)	=	Erro padrão da diferença
G.M.	=	Média geral

C.D.	=	Diferença crítica
t (0.05)	=	Valor t ao nível de 5% de probabilidade

4. RESULTADOS

As presentes investigações foram levadas a cabo no Departamento de Tecnologia Alimentar para a formulação e desenvolvimento do "Processo de padronização e avaliação da qualidade do khichdi fortificado com painço para pacientes diabéticos" e sua avaliação de qualidade. Os resultados obtidos durante o curso da investigação foram descritos neste capítulo sob a forma de tabelas.

4.1 Propriedades físico-químicas dos grãos

Os seguintes conteúdos estão disponíveis nos grãos, que são utilizados para desenvolver o khichdi fortificado com painço.

Quadro 4.1.1 Propriedades físicas do grão

Treatments	Bulk density (g/ml)	Water absorption capacity (%)	Cooking time (minute)	Moisture (%)
Rice	0.85	125.38	25.3	13.00
Kodo	0.99	110.00	13.46	12.8
Kutki	0.82	135.00	12.37	11.5
Green gram	0.85	278.87	11.42	9.4

Quadro 4.1.2 Atributos qualitativos dos grãos

Types of Grain	Proximate parameters (%)					
	Protein	Fat	Ash	Carbohydrate	Fiber	EV(Kcal)
Rice	7.00	1.00	0.5	80.00	0.5	357.00
Kodo	9.8	3.6	3.3	66.6	5.2	353.00
Kutki	9.7	5.2	5.4	60.9	7.6	329.00
Green gram	23.86	1.9	3.9	65.62	16.0	375.02

4.2 Atributos físicos e funcionais do khichdi à base de Kodo

Os resultados das caraterísticas físicas e funcionais do Khichdi à base de Kodo, ou seja, a densidade aparente, a capacidade de absorção de água e o tempo de cozedura, em comparação com o controlo, são apresentados no quadro 4.2.1 e as comparações são também apresentadas na figura 1.

4.2.1 Caraterísticas físicas e funcionais do khichdi à base de Kodo

Os resultados dos atributos físicos e funcionais do Khichdi à base de Kodo em comparação com o Khichdi de controlo são apresentados no quadro 4.2.1 e na figura 1.

Quadro 4.2.1 Atributos físicos e funcionais do Khichdi à base de Kodo

Treatments	Bulk density (g/ml)	Water absorption capacity (%)	Cooking time (minute)	Moisture (%)
T_1	0.83	123.37	24.40	12.78
T_2	0.95	126.50	13.00	11.88
T_3	0.94	145.31	13.99	12.11
T_4	0.92	158.31	14.28	11.08
T_5	0.90	174.52	14.91	11.03
T_6	0.88	192.92	15.16	11.27
T_7	0.90	154.42	14.41	11.10
SEM ±	0.012	1.28	0.273	0.276
CD at 5%	0.037	3.85	0.82	0.83

Densidade aparente

A densidade aparente do Khichdi à base de Kodo variou de 0,83 a 0,95 g/ml contra o controlo T1 a 0,83 g/ml. O tratamento T2 obteve o valor mais alto de 0,95, seguido por T3 (0,94), T4 (0,92), T5 (0,90), T7 (0,90), T6 (0,88) e T1 (0,83). Os resultados mostram claramente que a densidade aparente diminuiu com a suplementação de grãos de leguminosas. Todos os tratamentos foram iguais ao tratamento (T1) do Khichdi à base de Kodo. Não se registaram diferenças significativas entre os tratamentos.

Capacidade de absorção de água

Como é evidente na tabela 3, verificou-se que o Khichdi à base de Kodo contém humidade 192,92, 174,52, 158,31, 154,42, 145,31, 126,50 e 123,37 para T6, T5, T4, T7, T3, T2 e T1, respetivamente. O valor mais elevado foi registado em 192,92% para T6 Kodo based Khichdi, que foi significativamente superior aos outros, enquanto que a capacidade mínima de absorção de água foi registada em T1 (123,37%). Os resultados mostram claramente que a capacidade de absorção de água foi induzida pela mistura com diferentes rácios de grãos de leguminosas.

Tempo de cozedura

O tempo de cozedura analisado para o khichdi à base de Kodo mostrou uma tendência positiva e aumenta consideravelmente com a adição de grãos de leguminosas. O arroz de controlo Khichdi T_1 obteve o valor mais elevado, 24,40 min. Os tratamentos T_6, T_5, T_7,T_4, T_3 e T2 obtiveram 16,25, 16,21, 15,43, 15,17, 14,54 e 14,48 respetivamente. T4, T5, T7 e T3 e T2 foram iguais entre si. Os suplementos de grama verde aumentaram o tempo de cozedura do Khichdi fortificado.

Humidade

Como se pode ver na tabela 3, o khichdi à base de Kodo continha 12,78, 12,11, 11,88, 11,27, 11,10, 11,08 e 11,03 de humidade para T1, T3, T2, T6, T7, T4 e T5, respetivamente. O valor mais alto foi registado em 12,78% para o Khichdi T1 à base de Kodo, enquanto que o teor mínimo de humidade foi registado em T5 (11,30%). Os resultados mostram que o teor de humidade foi reduzido com a quantidade de mistura de kodo com diferentes proporções de grãos de leguminosas.

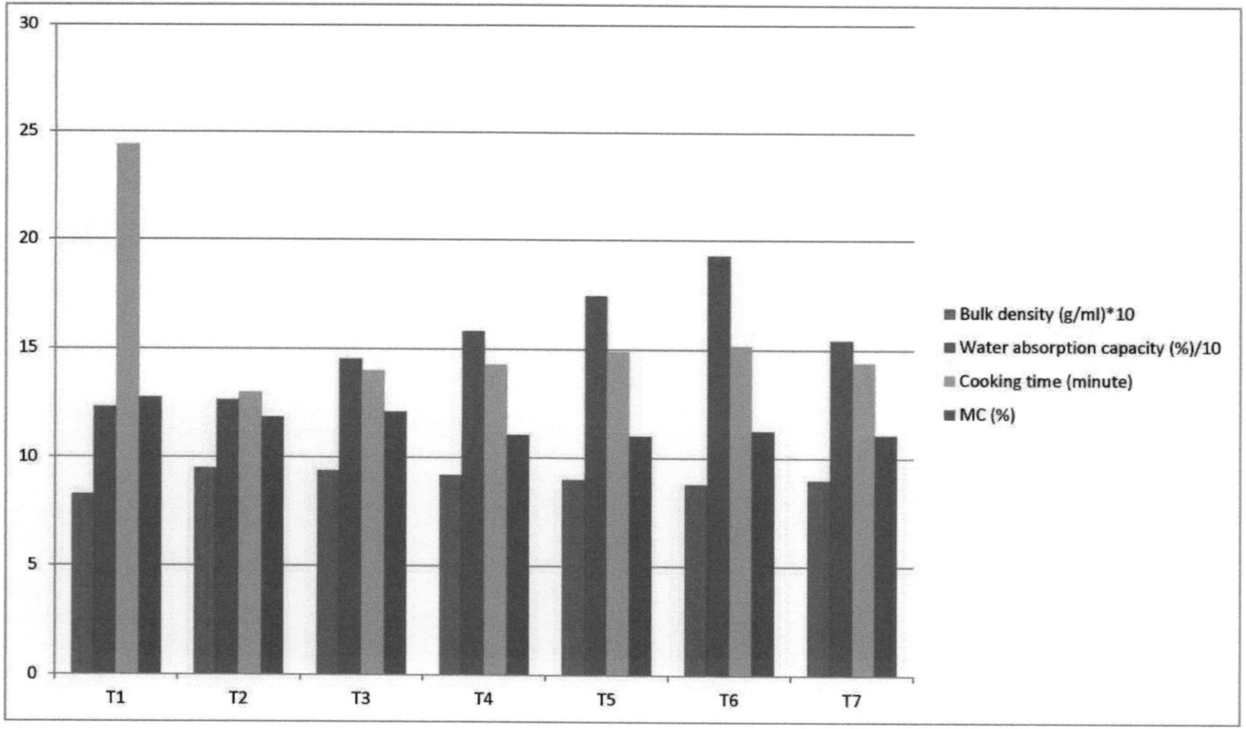

Fig -1.0 Atributos físicos e funcionais do Khichdi à base de Kodo

4.2.2 Atributos qualitativos do khichdi à base de Kodo

As análises de proximidade do khichdi nutritivo à base de kodo com grãos de grama verde em diferentes proporções são apresentadas no quadro 4.2.2 e na figura 2.

Quadro 4.2.2 Atributos qualitativos do khichdi à base de Kodo

Treatments	Proximate parameters (%)					
	Protein	Fat	Ash	Carbohydrate	Fiber	EV (Kcal)
T_1	6.73	0.73	0.56	77.94	0.40	351.27
T_2	11.32	3.19	3.15	65.89	6.14	355.45
T_3	12.31	3.29	3.50	66.80	7.36	358.00
T_4	14.07	3.35	3.11	65.76	8.22	360.18
T_5	15.31	2.70	3.18	65.50	9.16	360.34
T_6	16.39	2.59	3.35	66.42	10.20	362.34
T_7	12.22	3.24	3.85	64.49	8.44	351.40
SEM ±	0.19	0.163	0.16	0.58	0.17	1.46
CD at 5%	0.59	0.49	0.48	1.75	0.52	4.38

Proteína

A tabela 4 mostra que o teor de proteína no Khichdi fortificado foi de 16,39, 15,31, 14,07, 12,31, 12,22, 11,32 e 6,73% para T1 a T7, respetivamente. A maior percentagem foi obtida em T6, seguido de T5, T4, T3, T7, T2, enquanto T1 apresentou o menor teor de proteínas. É evidente que a adição de grãos de leguminosas aumentou significativamente o teor de proteínas e a suplementação de 50% de grama verde foi significativamente superior a outras formulações de Khichdi fortificado. O Khichdi fortificado T3 e T7 foram estatisticamente iguais entre si.

Gordura

O teor de gordura do khichdi fortificado aumentou significativamente com a mistura de 30% de grãos de pulso. O teor de gordura foi encontrado em 3.35, 3.29, 3.24, 3.19, 2.70, 2.59 e 0.73 respetivamente. O valor mais baixo foi obtido por T1 seguido por T_4, T_3, T_7, T_2, T5 e T6. A suplementação com 30% de grama verde foi significativamente superior a outras formulações de Khichdi à base de kodo. O Khichdi fortificado T_4, T_3, T_2 e T_7 foram estatisticamente iguais entre si.

Cinzas

Os resultados também mostraram um aumento no teor de cinzas no Khichdi suplementado com leguminosas, embora a diferença tenha sido significativa. Os valores registados para as cinzas foram T7 (3,85), T3 (3,50), T6 (3,35), T5 (3,18), T2 (3,15), T4 (3,11) e T1 (0,56)% dentro das combinações T1 a T_7 respetivamente. O teor máximo de cinzas foi encontrado em T7 e T1 obteve o valor mínimo de 0,56%.

Hidratos de carbono

Pode ser visto a partir dos resultados que os valores de hidratos de carbono foram mais baixos em todas as combinações de cereais e leguminosas em comparação com o khichdi de arroz de controlo (T1). O valor mais alto de hidratos de carbono (77,94) foi exibido pelo khichdi de controlo, que foi reduzido para 66,80, 66,42, 65,89, 65,76, 65,50 e 64,49 nos tratamentos T2 a T7. O khichdi à base de Kodo T_7 obteve o valor mais baixo (64,49). Pode ser visto a partir dos resultados que a suplementação de leguminosas diminuiu o teor de hidratos de carbono no khichdi fortificado. O khichdi de arroz de controlo foi significativamente superior aos outros khichdi formulados.

Fibra

Em termos de fibra, o khichdi feito a partir da combinação de T6, (kodo + grama verde) com a combinação de (50:50) deu o valor mais alto de 10,20% contra o tratamento T1 que obteve o valor mais baixo de 0,40. Os valores registados para a fibra foram T_6 (10.20). T5 (9.16), T7 (8.44), T4 (8.22), T3 (7.36), T2 (6.14), e T1 (0.40) respetivamente. Kodo e grama verde suplementados (50:50) Fotified Khichdi foi significativamente superior a outros khichdi formulados. A incorporação de leguminosas aumentou gradualmente o conteúdo de fibras em todos os khichdi fortificados.

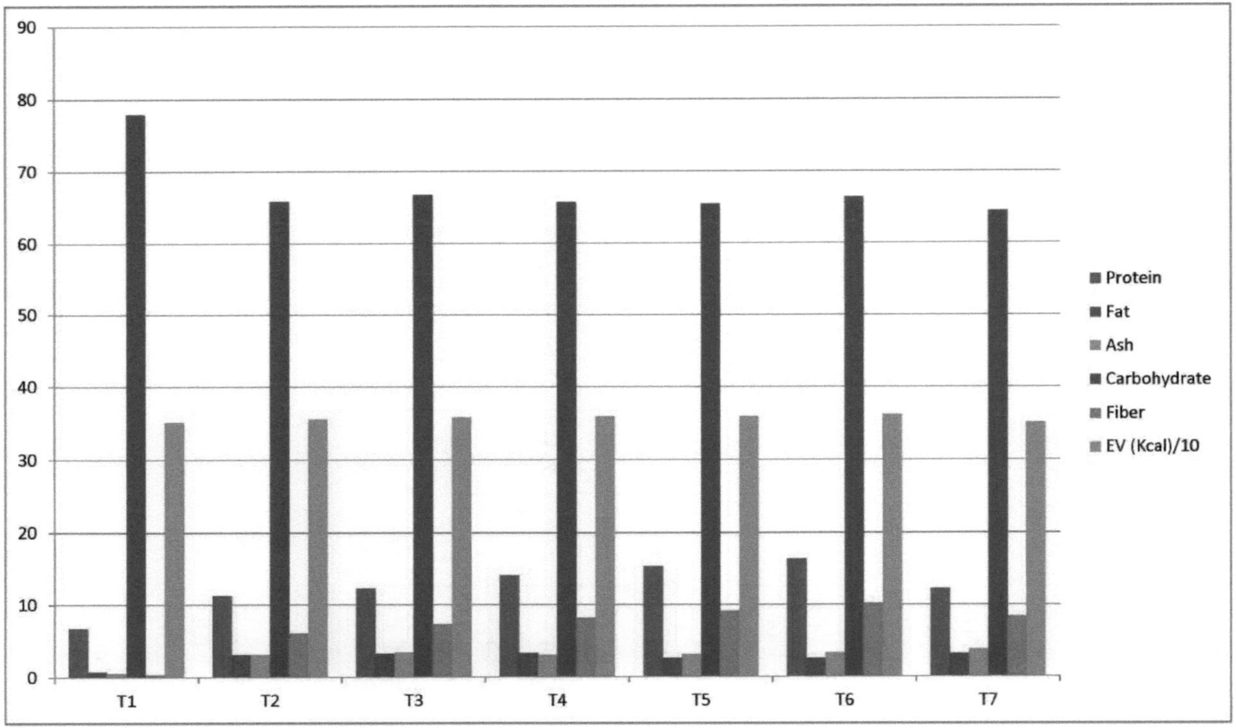

Fig-2.0 Atributos qualitativos do khichdi à base de Kodo

Valor energético

Os resultados mostram que os valores energéticos não seguiram um padrão consistente. O valor energético mais elevado (362,34 Kcal) foi obtido no T_6 seguido do T5 (360,34), T4 (360,18), T3 (358,00), T2 (355,45) e T7 (351,40) contra o controlo T1 (351,27 Kcal). O khichdi fortificado formulado T6 foi significativamente superior aos outros khichdi formulados.

4.2.3 Propriedades organolépticas do khichdi à base de kodo

Foram desenvolvidos diferentes tipos de mistura de khichdi a partir de cereais e leguminosas e submetidos a um teste sensorial numa escala hedónica de 9 pontos. A partir das pontuações médias sensoriais e dos comentários dos membros do painel, foram selecionadas as melhores combinações T6 (Kodo + grama verde), T4 (Kodo + grama verde) e T7 (Kodo + grama verde + kutki) na proporção de 50:50, 70:30 e 50:20:30, respetivamente.

Quadro 4.2.3 Propriedades organolépticas do Khichdi à base de kodo

Treatments	Appearance & colour	Aroma	Taste	Texture	Overall acceptability	Average Mean
T_1	8.14	8.01	8.20	7.23	8.34	7.98
T_2	7.40	7.38	7.41	7.05	7.66	7.38
T_3	7.81	8.12	7.25	7.01	7.12	7.46
T_4	7.49	8.58	7.86	7.13	7.40	7.69
T_5	6.85	6.25	6.90	6.03	6.08	6.42
T_6	8.90	8.87	8.59	8.43	8.53	8.66
T_7	7.49	7.58	8.13	7.40	7.18	7.55

Aspeto e cor

A pontuação máxima de cor e aparência (8,90) foi encontrada em T_6 (kodo + grama verde) na proporção de (50:50) enquanto o mínimo (6,85) foi encontrado em T_5 (kodo + grama verde) na proporção 60:40. Os khichdi fortificados T3 e T_6 foram estatisticamente iguais entre si.

Aroma

As pontuações médias para o sabor do khichdi foram estatisticamente iguais para T4 e T_6 com 8,58 e 8,87 respetivamente. A combinação T_5 obteve a pontuação mais baixa (6,25), enquanto a pontuação mais alta (8,87) foi obtida em T6 e T4, respetivamente.

Gosto

Os dados apresentados na Tabela 5 revelam que as pontuações médias para o sabor variaram de 8,59 a 7,25. As pontuações médias para o sabor do khichdi fortificado estavam acima do limite aceitável com a pontuação mais baixa (7,25) obtida do khichdi fortificado T3 contra a pontuação mais alta (8,59) no khichdi fortificado T_6. O khichdi de arroz de controlo obteve uma pontuação média de 8,20. A suplementação de grama verde aumentou as pontuações médias para o sabor do khichdi kodo.

Textura

Uma avaliação da tabela 5 mostrou que o tratamento T_6 obteve o maior valor 8,43 contra T_5 com 6,03. O tratamento T_5 obteve o valor mais baixo (6,03), e o T6 obteve o valor mais alto (8,43). e os tratamentos T5,T3,T2,T4,T1,T7 e T6 obtiveram 6,03, 7,01, 7,05, 7,13, 7,23, 7,40 e 8,43 por ordem crescente, respetivamente.

Aceitabilidade global

Todos os khichdi foram aceitáveis e a combinação T_6 (kodo50% + grama verde50%) foi superior às outras com o valor mais alto de 8,53. O khichdi de arroz de controlo com a pontuação (8,83) obteve a 2ª posição e o tratamento T_5 obteve o valor mais baixo com 6,08.

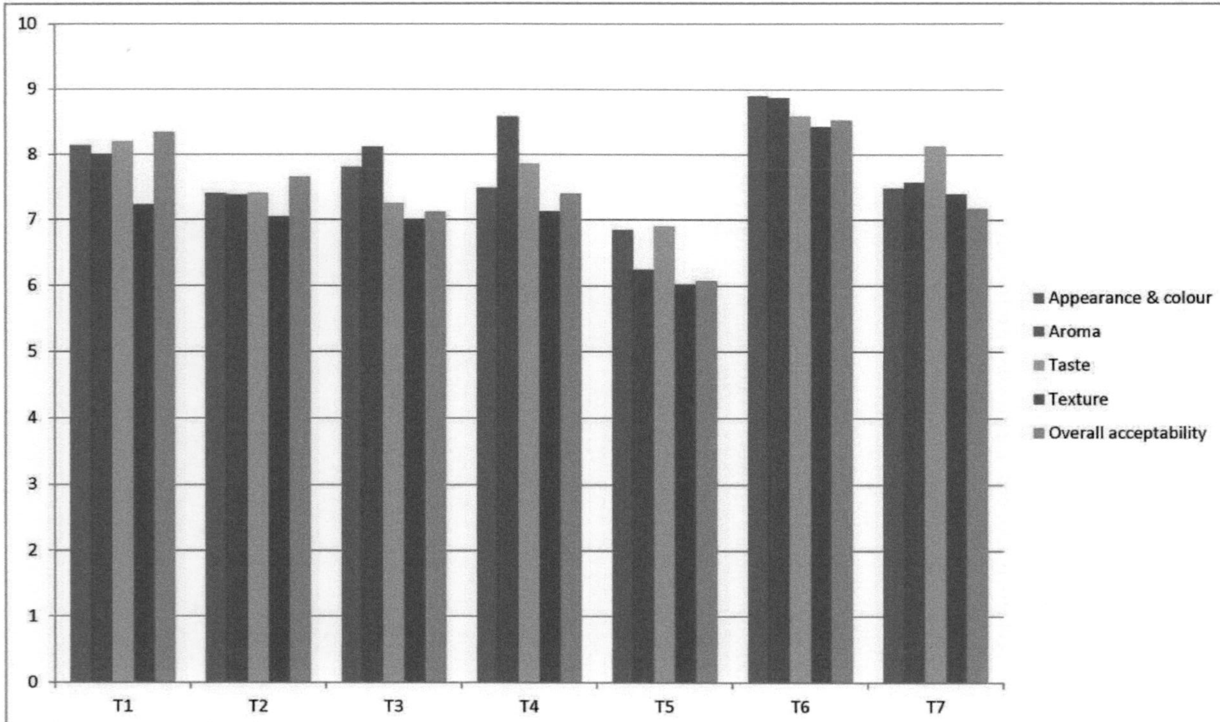

Fig-3.0 Propriedades organolépticas do Khichdi à base de kodo

4.3 Análise mineral

Os diferentes grãos de leguminosas tiveram efeitos diferentes no conteúdo mineral do khichdi fortificado em comparação com o controlo. Os resultados calculados para o conteúdo mineral do khichdi fortificado com base nos valores da tabela, em comparação com o khichdi de controlo, são apresentados no quadro 4.3.1.

Quadro 4.3.1 Teor mineral do khichdi à base de kodo

Treatments	Minerals mg/100g khichdi		
	Calcium	Phosphorus	Iron
T_1	33.00	160.00	1.80
T_2	35.63	200.73	2.03
T_3	42.57	213.46	2.36
T_4	46.36	226.19	2.70
T_5	50.15	238.92	3.03
T_6	53.94	251.65	3.37
T_7	37.17	223.06	4.64

Cálcio

Os valores apresentados no Quadro 6 mostram que o teor de cálcio variou entre 33,00 e 53,94 mg/100g nos diferentes tipos de khichdi fortificado. O teor de cálcio mais elevado foi registado no T_6 (53,94 mg/100g) e o mais baixo no T_1 (33,00 mg/100g). É óbvio a partir dos resultados que o conteúdo de cálcio aumentou em todos os khichdi fortificados em comparação com o khichdi de arroz de controlo. A suplementação de 50% de grama verde aumentou o conteúdo de cálcio no khichdi fortificado.

Fósforo

A avaliação da tabela mostrou que o conteúdo de fósforo no khichdi fortificado variou de 160mg/100g a 251,65mg/100gm. O maior teor de fósforo foi observado no T_6 (251,65mg/100g) e o menor no T_1 160,00 mg/100g. A adição de grãos de leguminosas mostrou um aumento notável no teor de fósforo.

Ferro

A leitura da tabela 6 mostrou que o teor de ferro variou de 1,80 a 4,64 mg/100g. A maior quantidade foi registada em T7 (4,64 mg/100g) e a menor em T_1 (1,80 mg/100g). A suplementação de grãos de leguminosas em diferentes proporções aumentou o teor de ferro do Khichdi fortificado.

4.4 Prazo de validade do khichdi fortificado

4.4.1 Efeito da capacidade de armazenamento na aceitabilidade global do khichdi fortificado

O valor da pontuação média da aceitabilidade global do khichdi fortificado cozinhado é apresentado no quadro 4.4.1. A pontuação máxima (8,66) de aceitabilidade global do Khichdi fortificado cozinhado foi registada em T6 (kodo 50% + grama verde 50) na fase inicial de armazenamento em ambos os materiais de embalagem. A pontuação mínima (6,93) foi encontrada no khichdi de arroz de controlo após 90 dias de armazenamento em sacos de polietileno. O quadro de resultados mostra que a aceitabilidade global do khichdi fortificado com suplemento diminuiu com o aumento do período de armazenamento, mas os materiais de embalagem não afectaram razoavelmente a aceitabilidade global do khichdi fortificado.

Quadro 4.4.1 Efeito da capacidade de armazenamento na aceitabilidade do khichdi fortificado embalado .

Packaging material	Treatments	Period of storage (Days)				Average Mean
		0	30	60	90	
Polyethylene bags	T_1	7.07	7.00	6.90	6.78	**6.93**
	T_6	8.43	8.15	7.79	7.37	**7.93**
Laminated pouches	T_4	7.07	7.07	6.94	6.85	**6.98**
	T_6	8.43	8.42	8.40	8.39	**8.41**

4.4.2 Efeito da capacidade de armazenamento no teor de humidade do khichdi fortificado

Observou-se que os resultados eram os mesmos, uma vez que todas as formulações foram submetidas a sacos de polietileno e bolsas laminadas durante o armazenamento. As pontuações médias mais elevadas, 11,61 e 11,51, foram observadas no T_6 em sacos de polietileno e bolsas laminadas, respetivamente, enquanto as pontuações médias mais baixas, 10,67 e 10,63, foram observadas no T_1 khichdi de arroz de controlo em sacos de polietileno e bolsas laminadas, respetivamente. Os resultados na tabela 4.4.2 mostraram que ambos os materiais de embalagem não afectaram razoavelmente o teor de humidade do khichdi fortificado armazenado durante o armazenamento.

Quadro 4.4.2 Alterações no teor de humidade do khichdi fortificado nas seguintes embalagens (bolsas) durante o armazenamento.

Packaging material	Treatments	Period of storage (Days)				Average Mean
		0	30	60	90	
Polyethylene bags	T_1	10.57	10.63	10.70	10.79	**10.67**
	T_6	12.20	11.86	11.11	10.89	**11.51**
Laminated pouches	T_4	10.57	10.59	10.68	10.71	**10.63**
	T_6	12.30	11.75	11.37	11.03	**11.61**

4.5 Atributos físicos e funcionais do khichdi à base de Kutki

Os resultados das caraterísticas físicas e funcionais do Khichdi à base de Kutki, ou seja, a densidade aparente, a capacidade de absorção de água e o tempo de cozedura, em comparação com o controlo, são apresentados no quadro 4.5.1 e as comparações são também apresentadas na figura 4.

4.5.1 Caraterísticas físicas e funcionais do khichdi à base de kutki

Os resultados dos atributos físicos e funcionais do Khichdi à base de Kutki em comparação com o Khichdi de controlo são apresentados no quadro 4.5.1 e na figura 4.

Quadro 4.5.1 Atributos físicos e funcionais do Khichdi à base de Kutki

Treatments	Bulk density (g/ml)	Water absorption capacity (%)	Cooking time (minute)	MC (%)
T_1	0.83	123.39	24.40	12.78
T_2	0.83	149.63	10.79	10.90
T_3	0.84	165.45	12.12	10.94
T_4	0.82	177.07	12.35	10.75
T_5	0.84	191.25	13.01	10.91
T_6	0.82	205.09	13.86	10.05
T_7	0.88	154.91	13.53	11.51
SEM ±	0.006	0.96	0.25	0.32
CD at 5%	0.02	2.89	0.76	0.96

Densidade aparente

A densidade aparente do Khichdi à base de Kutki variou de 0,82 a 0,88 g/ml contra o controlo T1 a 0,83 g/ml. O tratamento T7 marcou o valor mais alto em 0,88 seguido por T5 (0,84), T3 (0,84), Ti (0,83), T2 (0,83), T7 (0,82) e T6 (0,82). É claro a partir dos resultados que a densidade aparente foi diminuída com a suplementação de grãos de leguminosas. Não houve diferenças significativas entre os tratamentos.

Capacidade de absorção de água

Como é evidente na tabela 3, verificou-se que o Khichdi à base de Kutki contém humidade 205.09, 191.25, 177.07, 165.45, 154.91, 149.63, e 123.39 para T_6, T_5, T_4, T_3, T_7, T_2, e T_1 respetivamente. O valor mais alto foi registado em 205,09% para T6 Kutki based Khichdi, que foi significativamente superior aos outros, enquanto que a capacidade mínima de absorção de água foi registada em T1 (123,37%). Os resultados mostram claramente que a capacidade de absorção de água foi induzida pela mistura com diferentes rácios de grãos de leguminosas.

Tempo de cozedura

O tempo de cozedura analisado para o khichdi à base de Kutki mostrou uma tendência positiva e aumenta consideravelmente com a adição de grãos de leguminosas. O arroz de controlo Khichdi T_1 obteve o valor mais elevado, 24,40 min. Os tratamentos T_6, T_7, T_5, T_4, T_3 e $T_{(2)}$ obtiveram 13,86, 13,53, 13,01, 12,35, 12,12 e 10,79, respetivamente. T4, T5, T7 e T3, T2 foram iguais entre si. Os suplementos de grama verde foram aumentaram o tempo de cozedura do Khichdi fortificado.

Humidade

Como se pode ver na tabela 3, o khichdi à base de Kutki continha 12,78, 11,51, 10,94, 10,91, 10,90, 10,75 e 10,05 de humidade para T1, T7, T3, T5, T2, T4 e T6, respetivamente. O valor mais elevado foi registado em 12,78% para o Khichdi à base de Kutki T_1, enquanto que o teor mínimo de humidade foi registado em T_6 (10,05%). Os resultados mostram que o teor de humidade foi reduzido com a quantidade de mistura de kutki com diferentes proporções de grãos de leguminosas.

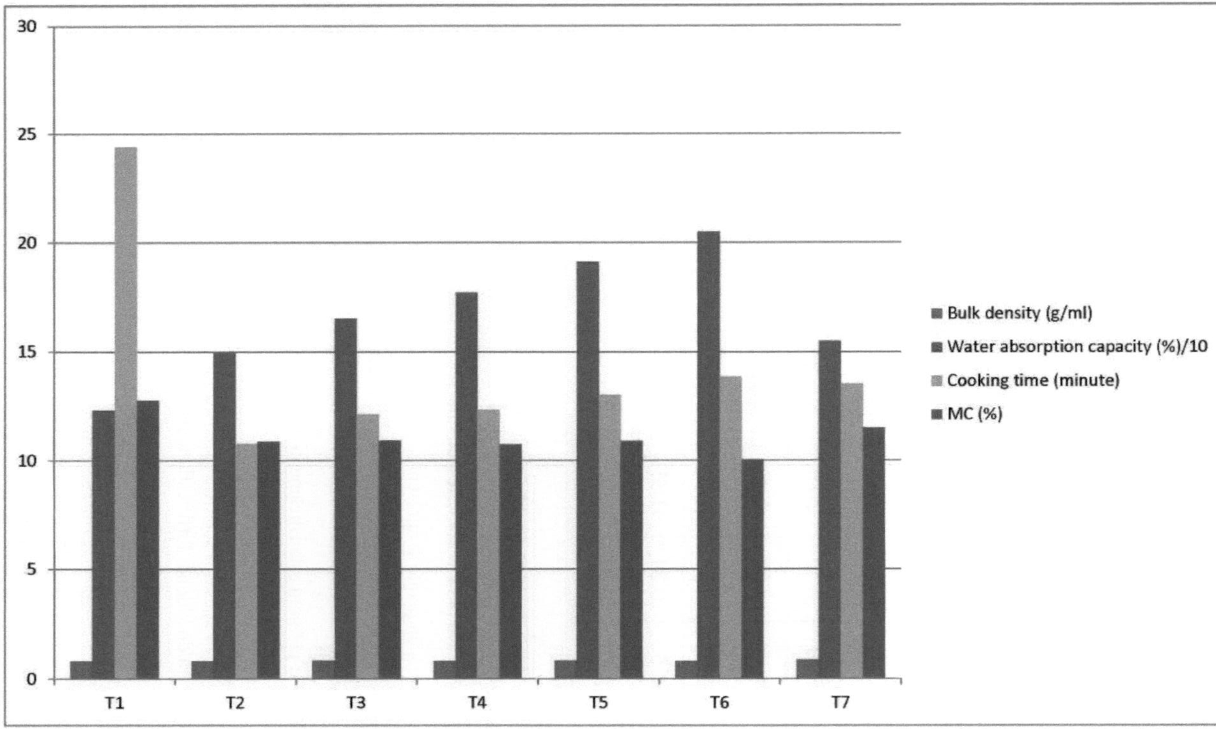

Fig-4.0 Atributos físicos e funcionais do Khichdi à base de Kutki

4.5.2 Atributos qualitativos do khichdi à base de kutki

A análise da composição do khichdi nutritivo à base de kutki com grãos de grama verde em diferentes proporções é apresentada no quadro 4.5.2 e na figura 5.

Quadro 4.5.2 Atributos qualitativos do khichdi à base de kutki

Treatments	Proximate parameters (%)					
	Protein	Fat	Ash	Carbohydrate	Fiber	EV (Kcal)
T_1	6.73	0.73	0.56	77.94	0.40	351.27
T_2	11.24	4.10	5.09	61.29	7.28	328.39
T_3	11.76	4.79	5.01	62.12	8.78	342.62
T_4	14.32	3.92	4.52	61.96	10.82	341.65
T_5	15.20	3.42	3.75	60.32	10.44	345.68
T_6	15.75	3.36	4.26	62.86	11.90	347.98
T_7	13.10	3.59	4.98	62.67	8.15	348.28
SEM ±	0.35	0.31	0.36	0.80	0.38	2.54
CD at 5%	1.07	0.94	1.10	2.41	1.15	7.63

Proteína

A tabela 4 mostra que o teor de proteína no Khichdi fortificado foi de 15,75, 15,20, 14,32, 13,10, 11,76, 11,24 e 6,73% para T1 a T7, respetivamente. A maior percentagem foi obtida em T6, seguido de T5, T4, T7, T3, T2, enquanto T1 apresentou o menor teor de proteínas. É evidente que a adição de grãos de leguminosas aumentou significativamente o teor de proteínas e a suplementação de 50% de grama verde foi significativamente superior a outras formulações de Khichdi fortificado. O Khichdi fortificado T3 e T2 foram estatisticamente iguais entre si.

Gordura

O teor de gordura do khichdi fortificado aumentou significativamente com a mistura de 20% de grãos de pulso. O teor de gordura foi encontrado em 4.79, 4.10, 3.92, 3.59, 3.42, 3.36, e 0.73 respetivamente. O valor mais baixo foi obtido por T1 seguido por T_3, T_2, T_4, T_7, T5 e T6. A suplementação com 20% de grama verde foi significativamente superior a outras formulações de Khichdi à base de kutki. O Khichdi fortificado T4, T5, T6 e T7 foram estatisticamente iguais entre si.

Cinzas

Os resultados também mostraram um aumento no teor de cinzas no Khichdi suplementado com leguminosas, embora a diferença tenha sido significativa. Os valores registados para as cinzas foram T2 (5.09), T3 (5.01), T7 (4.98), T4 (4.52), T6 (4.26), T5 (3.75) e T1 (0.56) % dentro das combinações T1 a T_7 respetivamente. O teor máximo de cinzas foi encontrado em T_2 5,09% e T_1 obteve o valor mínimo de 0,56%.

Hidratos de carbono

Pode ser visto a partir dos resultados que os valores de hidratos de carbono foram mais baixos em todas as combinações de cereais e leguminosas em comparação com o khichdi de arroz de controlo (T1). O valor mais elevado de hidratos de carbono (77,94) foi apresentado pelo khichdi de controlo, que foi reduzido para 62,86, 62,67, 62,12, 61,96, 61,29 e 60,32 nos tratamentos T2 a T7. O khichdi à base de kutki T_5 obteve o valor mais baixo (60,32). Os resultados mostram que a suplementação de leguminosas diminuiu o teor de hidratos de carbono no khichdi fortificado. O khichdi de arroz de controlo foi significativamente superior aos outros khichdi formulados.

Fibra

Em termos de fibra, o khichdi feito a partir da combinação de T6, (kutki + grama verde) com a combinação de (50:50) deu o valor mais alto de 11,90% contra o tratamento T1 que obteve o valor mais baixo de 0,40. Os valores registados para a fibra foram T6 (11,90). T4 (10.82), T5 (10.44), T3 (8.78), T (8.85), T2 (7.28), e T1 (0.40) respetivamente. O khichdi fortificado com kutki e grama verde (50:50) foi significativamente superior aos outros khichdi formulados. A incorporação de leguminosas aumentou gradualmente o conteúdo de fibras em todos os khichdi fortificados.

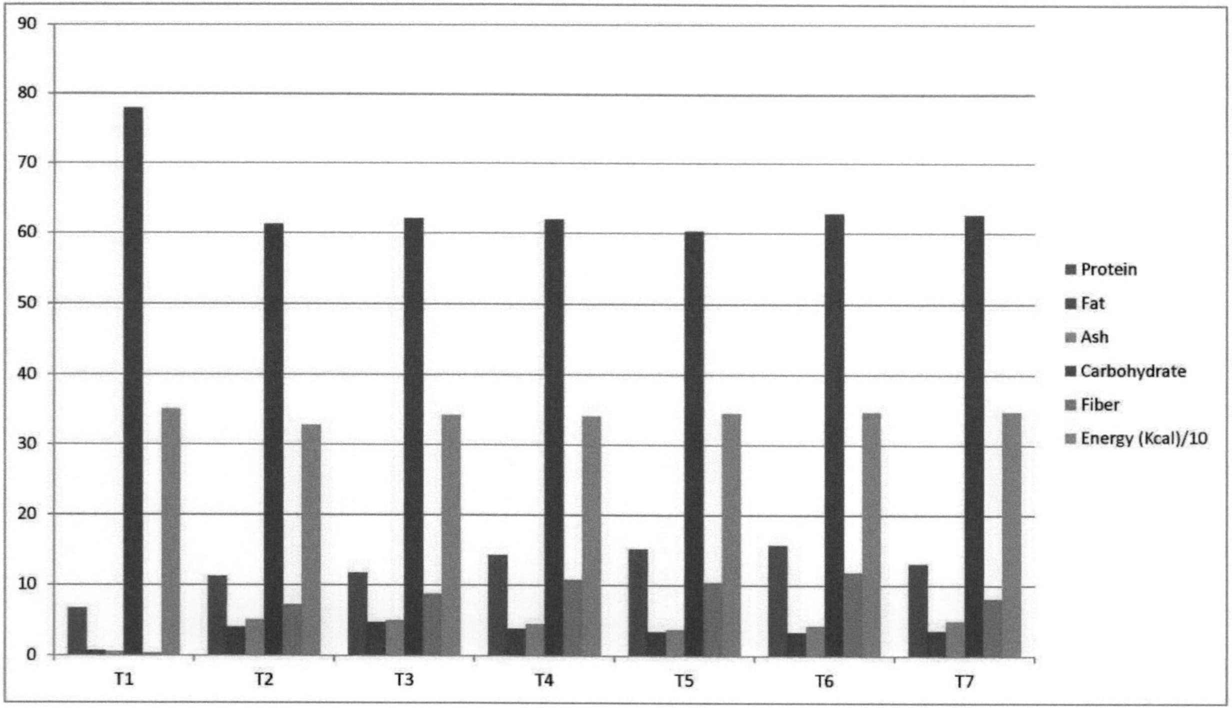

Fig-5.0 Atributos qualitativos do khichdi à base de kutki

Valor energético

Os resultados mostram que os valores energéticos foram reduzidos com a quantidade de mistura de kutki com diferentes proporções de grãos de leguminosas. O valor energético mais alto (351.27Kcal) foi obtido com T_1 seguido por T_7 (348.28), T6 (347.98), T_5 (345.68), T3 (342.62) T4 (341.62) e T2 (328.39). O khichdi de arroz de controlo T1 foi significativamente superior aos outros khichdi formulados.

4.6 Propriedades organolépticas do khichdi à base de kutki

Foram desenvolvidos diferentes tipos de misturas de khichdi a partir de grãos de cereais e leguminosas e submetidos a uma prova sensorial numa escala hedónica de 9 pontos. A partir das pontuações médias sensoriais e dos comentários dos membros do painel, foram selecionadas as melhores combinações T_6 (Kutki+ grama verde), T_5 (Kutki+ grama verde) e T_7 (Kutki+ grama verde + kutki) na proporção de 50:50, 60:40 e 50:20:30, respetivamente.

Quadro 4.6.1 Propriedades organolépticas do Khichdi à base de kutki

Treatments	Appearance & colour	Aroma	Taste	Texture	Overall accepta bility	Average Mean
T_1	8.2	7.1	7.9	8.2	8.5	7.98
T_2	6.3	6.6	6.5	6.4	6.5	6.46
T_3	7.3	7.2	7.7	6.1	6.8	7.02
T_4	7.1	7.3	7.9	7.4	6.7	7.28
T_5	8.4	7.7	8.1	8.3	8.5	8.20
T_6	8.3	8.1	8.5	8.5	8.7	8.42
T_7	7.1	8.3	7.6	8.1	7.7	7.76

Aspeto e cor

A pontuação máxima de cor e aparência (8,42) foi encontrada em T_6 (kutki + grama verde) na proporção de (50:50), enquanto o mínimo (6,46) foi encontrado em T_2 (kutki + grama verde) na proporção 90:10. Os khichdi fortificados T_5 e T_6 foram estatisticamente iguais entre si.

Aroma

As pontuações médias para o sabor do khichdi foram estatisticamente iguais para T7 e T_6 com 8,3 e 8,1 respetivamente. A combinação T_2 obteve a pontuação mais baixa (6,6), enquanto a pontuação mais alta (8,1) foi obtida em T_6, respetivamente.

Gosto

Os dados apresentados na Tabela 5 revelam que as pontuações médias para o sabor variaram entre 8,5 e 6,5. As pontuações médias para o sabor do khichdi fortificado estavam acima do limite aceitável com a pontuação mais baixa (6,5) obtida do khichdi fortificado T_2 contra a pontuação mais alta (8,5) no khichdi fortificado T_6. O khichdi de arroz de controlo obteve uma pontuação média de 7,9. A suplementação de grama verde aumentou as pontuações médias do sabor do khichdi kutki.

Textura

Uma avaliação da tabela 5 mostrou que, o tratamento T_6 obteve o valor mais alto 8,5 contra T_2 em 6,4. O tratamento T_2 obteve o valor mais baixo (6,4), e o T6 obteve o valor mais alto (8,5) e os tratamentos T_3, T_2, T_4, T_7, T_1, T_5 e $T_{(6)}$ obtiveram 6,1, 6,4, 7,4, 8,1, 8,2, 8,3 e 8,5 por ordem de classificação, respetivamente.

Aceitabilidade global

Todos os khichdi foram aceitáveis e a combinação T6 (kutki50% + grama verde50%) foi superior às outras com o valor mais alto de 8,7. O khicdi de arroz de controlo com a pontuação (8,5) obteve a 2ª posição e o tratamento T_2 obteve o valor mais baixo, 6,5.

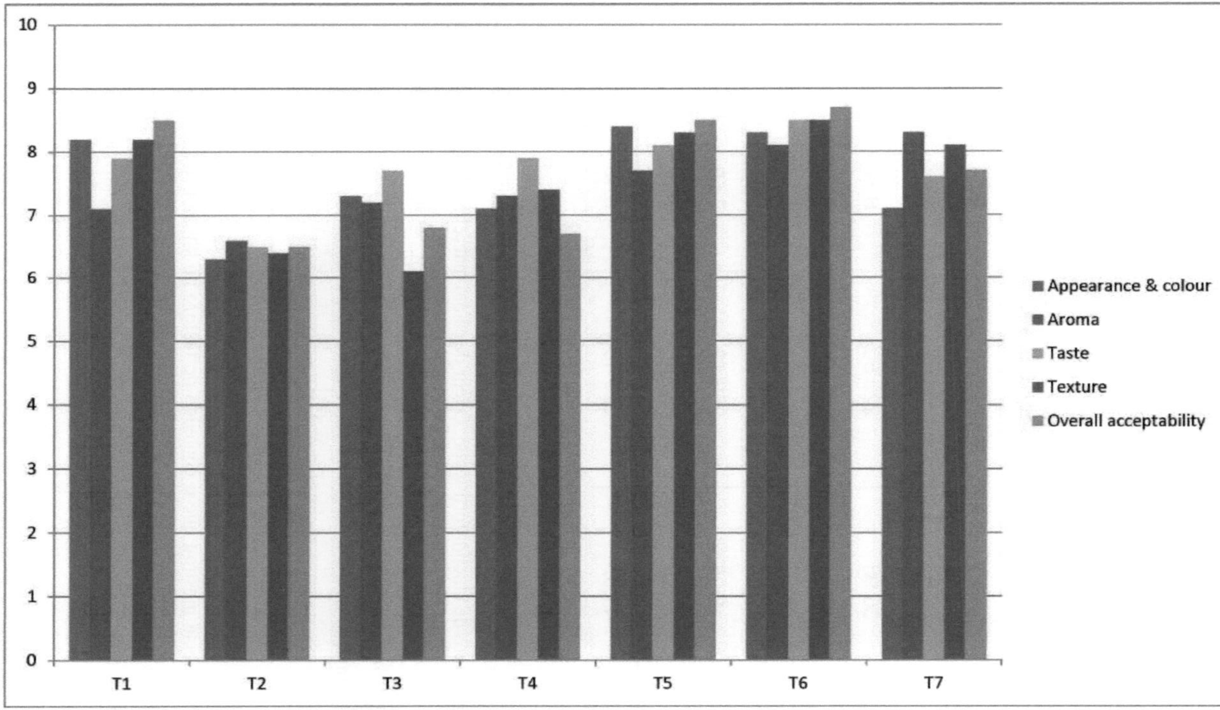

Fig-6.0 Propriedades organolépticas do Khichdi à base de kutki

4.7 Análise mineral

Os diferentes grãos de leguminosas tiveram efeitos diferentes no conteúdo mineral do khichdi fortificado em comparação com o controlo. Os resultados calculados para o conteúdo mineral do khichdi fortificado com base nos valores da tabela, em comparação com o khichdi de controlo, são apresentados no quadro 6.

Quadro 4.7.1 Teor de minerais do khichdi à base de kutki

Treatments	Minerals mg/100g khichdi		
	Calcium	Phosphorus	Iron
T_1	33.00	160.00	1.80
T_2	36.98	229.50	8.87
T_3	40.97	239.06	8.44
T_4	44.96	248.59	8.02
T_5	48.95	258.12	7.59
T_6	52.94	267.65	7.17
T_7	41.57	229.46	6.16

Cálcio

Os valores apresentados no Quadro 6 mostram que o teor de cálcio variou entre 33,00 e 52,94 mg/100g nos diferentes tipos de khichdi fortificado. O teor de cálcio mais elevado foi registado no T_6 (52,94 mg/100g) e o mais baixo no T_1 (33,00 mg/100g). É óbvio a partir dos resultados que o conteúdo de cálcio aumentou em todos os khichdi fortificados em comparação com o khichdi de arroz de controlo. A suplementação de 50% de grama verde aumentou o conteúdo de cálcio no khichdi fortificado.

Fósforo

A avaliação da tabela mostrou que o conteúdo de fósforo no khichdi fortificado variou de 160mg/100g a 267,65mg/100gm. O maior teor de fósforo foi observado em T_6 (267,65mg/100g) e o menor em T_1 160,00 mg/100g. A adição de grãos de leguminosas mostrou um aumento notável no teor de fósforo.

Ferro

A leitura do quadro 6 mostra que o teor de ferro variou de 1,80 a 8,87 mg/100g. A quantidade mais elevada foi registada em T_2 (8,87 mg/100g) e a mais baixa em T_1 (1,80 mg/100g). A mistura de kutki e grãos de grama verde em diferentes proporções aumentou o teor de ferro do Khichdi fortificado.

4.8 Prazo de validade do khichdi fortificado

4.8.1 Efeito da capacidade de armazenamento na aceitabilidade global do khichdi fortificado

O valor da pontuação média da aceitabilidade global do khichdi fortificado cozinhado é apresentado no quadro 4.8.1. A pontuação máxima (8,42) de aceitabilidade global do Khichdi fortificado cozinhado foi registada em T6 (kutki 50% + grama verde 50) na fase inicial de armazenamento em ambos os materiais de embalagem. A pontuação mínima (6,93) foi encontrada no khicdi de arroz de controlo após 90 dias de armazenamento em sacos de polietileno. O quadro de resultados mostra que a aceitabilidade global do khichdi fortificado com suplemento diminuiu com o aumento do período de armazenagem, mas os materiais de embalagem não afectaram razoavelmente a aceitabilidade global do khichdi fortificado.

Quadro 4.8.1 Efeito da capacidade de armazenamento na aceitabilidade do khichdi fortificado embalado

Packaging material	Treatments	Period of storage (Days)				Average Mean
		0	30	60	90	
Polyethylene bags	T_1	7.07	7.00	6.90	6.78	**6.93**
	T_6	8.58	7.86	7.40	7.13	**7.74**
Laminated pouches	T_1	7.07	7.07	6.94	6.85	**6.98**
	T_6	8.34	8.20	8.01	7.23	**7.94**

4.8.2 Efeito da capacidade de armazenamento no teor de humidade do khichdi fortificado

Observou-se que os resultados eram os mesmos, uma vez que todas as formulações foram submetidas a sacos de polietileno e bolsas laminadas durante o armazenamento. As pontuações médias mais elevadas, 11,35 e 11,33, foram observadas no T6 em sacos de polietileno e bolsas laminadas, respetivamente, enquanto as pontuações médias mais baixas, 10,67 e 10,63, foram observadas no T_1 khichdi de arroz de controlo em sacos de polietileno e bolsas laminadas, respetivamente. Os resultados na tabela 4.8.2 mostraram que ambos os materiais de embalagem não afectaram razoavelmente o teor de humidade do khichdi fortificado armazenado durante o armazenamento.

Quadro 4.8.2 Alterações no teor de humidade do khichdi fortificado nas seguintes embalagens (bolsas) durante o armazenamento.

Packaging material	Treatments	Period of storage (Days)				Average Mean
		0	30	60	90	
Polyethylene bags	T_1	10.79	10.70	10.63	10.57	**10.67**
	T_6	12.40	11.55	11.30	10.09	**11.33**
Laminated pouches	T_1	10.71	10.68	10.59	10.57	**10.63**
	T_6	12.13	11.39	11.20	10.69	**11.35**

5. DISCUSSÃO

Este capítulo trata da justificação dos resultados experimentais obtidos no âmbito do programa de investigação proposto. Os resultados foram explicados com a ajuda de valores de vários parâmetros fornecidos por diferentes trabalhadores. Os resultados já foram apresentados em pormenor no capítulo anterior.

5.1 Atributos físicos e funcionais do khichdi fortificado

5.1.1 Densidade a granel

Os dados apresentados no quadro revelam que a densidade aparente máxima foi registada no khichdi fortificado com kodo formulado em T2 e T7 é a densidade aparente máxima registada no khichdi fortificado com kutki, ao passo que a densidade aparente mínima foi registada no khichdi de arroz de controlo T1 e o khichdi à base de kutki T6 regista a densidade aparente mínima. Verificou-se que a suplementação diminuiu a taxa de densidade aparente do khichdi fortificado T2 (Kodo + Grama verde, 90:10) e T7 (Kutki + Grama verde + Kodo, 50:20:30) obteve o valor mais elevado para a densidade aparente. Estas conclusões foram apoiadas por Agrawal et al. (2013), e Balasubramanian e Vishwanathan (2010).

5.1.2 Capacidade de ligação à água

A capacidade de ligação à água desempenha um papel importante durante a reconstituição na mistura antes do consumo. A capacidade de ligação à água depende da disponibilidade de grupos hidrofílicos que ligam as moléculas de água e da capacidade de formação de gel das macromoléculas. É evidente a partir das tabelas e figuras que o máximo de leucócitos foi encontrado no khichdi fortificado com kodo e kutki T6, enquanto o mínimo foi encontrado no khichdi de arroz de controlo T1. A suplementação de leguminosas nos cereais pode dever-se à maior proporção de amilose ou amilopectina apresentada no khichdi fortificado. Tendência semelhante foi encontrada por Agrawal et al. (2013) e Islam (2012).

5.1.3 Tempo de cozedura

A partir do quadro, verificamos que o tempo de cozedura máximo foi registado no khichdi de arroz de controlo T_1 e o segundo tempo de cozedura mais elevado foi registado no khichdi formulado com kodo e Kutki T6. Enquanto que o tempo de cozedura mínimo foi observado no khichdi formulado com kodo e Kutki T2. A amostra T6 teve um tempo de cozedura mais elevado, o que pode dever-se à dureza e ao elevado teor de fibras do khichdi formulado. Mundra (2009) registou um resultado semelhante na qualidade da cozedura de noodles e khichdi.

5.2 Atributos aproximados

5.2.1 Humidade

O teor máximo de humidade foi encontrado no khichdi de controlo (T1), enquanto o mínimo foi encontrado no khichdi fortificado com kodo T_5 e no khichdi fortificado com kutki T6. O teor de humidade diminuiu com a formulação de várias leguminosas. O teor de humidade pode ser baixo devido ao elevado teor de fibras. Shirsat et al (2008) apoiam conclusões semelhantes.

5.2.2 Proteína

O teor de proteínas aumentou com a incorporação de grãos de leguminosas. O quadro mostra que o teor máximo de proteínas foi encontrado no khichdi fortificado com kodo e kutki T6, enquanto que o valor mínimo foi encontrado no khichdi de arroz de controlo T1. As diferentes combinações de khichdi fortificado suplementado com 50% de Greeengram foram significativamente superiores a outras formulações de khichdi fortificado. Isto pode dever-se à suplementação com leguminosas. Tendências semelhantes foram encontradas por Kulkarni & Naik (2000), e Ahmad et al (2012).

5.2.3 Gordura

O teor de gordura do khichdi de arroz de controlo aumentou gradualmente entre os khichdi fortificados com suplementos de leguminosas. No entanto, observou-se um aumento significativo no khichdi fortificado com greengram ao nível de 30% em T4 no khichdi à base de kodo e 20% de suplemento de greengram aumentou o teor de gordura em T_3 khichdi à base de kutki. Isto pode ser devido à suplementação ou ao grão rico em gordura do greengram. Achados semelhantes foram apoiados por Ahmad et al (2012).

5.2.4 Cinzas

O teor de cinzas do khichdi de controlo T_1 foi mínimo e o teor máximo de cinzas foi registado no khichdi à base de kodo T_7 e no khichdi à base de kutki T_2. A suplementação de greengram aumenta o teor de cinzas em diferentes misturas de khichdi fortificados. Kulkarni e Naik (2000) registaram uma tendência semelhante.

5.2.5 Hidratos de carbono

Os dados mostraram que o teor de hidratos de carbono diminuiu com a suplementação de greengram. O teor máximo de hidratos de carbono foi encontrado no khichdi de arroz de controlo, enquanto o mínimo foi encontrado no khichdi à base de kodo T7 e no khichdi à base de kutki T_5. Os resultados mostraram que o teor de hidratos de carbono foi significativamente diferente em todos os khichdi fortificados. Este facto pode dever-se ao elevado teor de hidratos de carbono das formulações. Kulkarni & Naik (2000) e Islam (2012) encontraram uma tendência semelhante.

5.2.6 Fibra

O quadro mostra que o teor de fibras aumentou com o aumento da proporção de suplementação de grama verde no khichdi fortificado. O teor máximo de fibras foi encontrado no T_6 tanto no kodo como no Kutki, enquanto que o mínimo foi encontrado no khichdi de arroz de controlo T1. Estes resultados podem ser devidos à incorporação do greengram, que é uma fonte rica de fibra. Achados semelhantes foram apoiados por Paul et al (2011).

5.2.7 Valor energético

Observou-se que o valor energético era elevado para todos os khichdi fortificados formulados. A percentagem máxima foi encontrada em T_6 tanto no khichdi fortificado com kodo como com kutki, enquanto que a mínima foi encontrada em T1 (à base de kodo) e T_2 (à base de Kutki). Os dados mostram que a incorporação de kodo, kutki e greengram aumenta o valor energético do khichdi fortificado formulado. Isto pode dever-se à suplementação de grãos ricos em proteínas, gorduras e hidratos de carbono. Achados semelhantes foram apoiados por Ashtukar et al (1992).

5.3 Minerais

É óbvio a partir dos quadros que a incorporação de grãos fortificados teve um efeito diferente no conteúdo de minerais do khichdi fortificado com suplemento em comparação com o khichdi fortificado sem suplemento.

5.3.1 Cálcio

O teor de cálcio do khichdi fortificado foi observado no quadro. O teor mais elevado de cálcio foi encontrado no khichdi fortificado à base de kodo T6 e Kutki. Enquanto que o mínimo foi encontrado no khichdi fortificado de controlo. Os dados mostram que a suplementação de greengram aumentou o teor de cálcio em todos os khichdi fortificados. Isto pode dever-se ao facto de estes grãos serem uma fonte rica em cálcio. Uma tendência semelhante foi encontrada por Ahmad et al (2012).

5.3.2 Fósforo

Os dados apresentados no quadro revelam que o teor máximo de fósforo foi observado no khichdi fortificado à base de kodo T6 e Kutki, enquanto o mínimo foi encontrado no khichdi fortificado de controlo. Como é evidente na tabela, o teor de fósforo aumentou com a suplementação de grama verde em todos os khichdi fortificados. Resultados semelhantes foram encontrados por Nicole et al. (2010) em farinhas de papa compostas prontas a comer.

5.3.3 Ferro

O teor máximo de ferro foi encontrado no khichdi à base de kodo T7 (kodo + grama verde + Kutki, 50:20:30) e no khichdi à base de kutki T_2 (kodo + grama verde, 90:10), enquanto o mínimo foi encontrado no khichdi de arroz de controlo T_1. A suplementação de grãos de grama verde aumentou o teor de ferro no khichdi fortificado. Isto pode dever-se à incorporação de uma fonte rica de grãos com teor de ferro. Assim, a adição de grama verde poderia ser recomendada para a melhoria nutricional do khichdi fortificado, especialmente do ponto de vista dos minerais. Tendência semelhante foi encontrada por Paul et al (2011).

5.4 Estudo de armazenamento

O armazenamento do melhor khichdi fortificado foi selecionado a partir de três khichdi de base. Os khichdi foram embalados em sacos de polietileno e sacos laminados mantidos em intervalos regulares durante 0, 1, 2 e 3 meses à temperatura ambiente.

5.4.1 Teor de humidade

As tabelas mostram que o teor de humidade aumentou ligeiramente com o aumento do período de armazenamento em todos os khichdi fortificados formulados em ambos os tipos de materiais de embalagem. O teor máximo de humidade foi encontrado na amostra de controlo T6 em material de embalagem de polietileno após 90 dias de armazenamento, enquanto que o mínimo foi encontrado no khichdi fortificado formulado T1 em ambos os tipos de materiais de embalagem na fase inicial de armazenamento e o teor de humidade diminuiu com o aumento do tempo de armazenamento. Isto pode ser atribuído a uma maior proteção contra o vapor de água, embora os sacos de polietileno pareçam ser comparativamente mais permeáveis ao vapor de água. Um resultado semelhante foi registado por Khan et al. (2012) em papas de trigo instantâneas.

5.4.2 Aceitabilidade global

A aceitabilidade global do khichdi fortificado foi significativamente afetada por diferentes variáveis de processamento e diminuiu com o aumento do período de armazenamento. A pontuação média mais elevada para a aceitabilidade global do khichdi fortificado foi encontrada no khichdi fortificado formulado em T_6 em ambos os materiais de embalagem na fase inicial de armazenamento. O valor mínimo da pontuação média foi registado no khichdi fortificado T1 em sacos de polietileno após 90 dias de armazenamento. A aceitabilidade global do khichdi fortificado armazenado em sacos laminados teve melhores resultados em comparação com os sacos de polietileno. Os valores mais elevados nos sacos de polietileno podem dever-se à elevada absorção de humidade e à permeabilidade dos gases atmosféricos que provocam a redução da cor e do sabor. Estas conclusões estão de acordo com os resultados de Khanam et al. (2011) na suplementação de formulações alimentares.

6. RESUMO, CONCLUSÃO E SUGESTÕES PARA TRABALHOS FUTUROS

6.1. Resumo

O khichdi fortificado é um produto alimentar rico em proteínas e fibras, consumido e apreciado por toda a gente, especialmente por uma pessoa idosa que necessita de mais proteínas e de pouca energia. Sugere-se que a ingestão de painço (Kodo & Kutki) seja benéfica para a prevenção e o controlo de doentes com diabetes. Por conseguinte, o presente estudo foi efectuado sobre o desenvolvimento de khichdi fortificado à escala doméstica utilizando cereais e leguminosas. Os resultados obtidos em vários parâmetros como a aceitabilidade geral e os atributos nutricionais durante vários períodos de armazenamento foram feitos e resumidos nos pontos seguintes.

- O khichdi fortificado T_6 (Kodo + greengram) e T_6 (Kutki + greengram) na proporção de 50:50 foi o melhor khichdi fortificado formulado, rico em nutrientes e com excelente aceitabilidade geral.
- O khichdi fortificado com uma mistura de grama verde tinha uma quantidade mais elevada de proteínas em comparação com outros khichdi fortificados formulados.
- A fortificação de 50% de grãos de grama verde no khichdi fortificado formulado à base de kodo e Kutki pode ser recomendada para aumentar e melhorar o valor biológico das proteínas e de outros nutrientes como o cálcio e o fósforo.
- No caso dos nutrientes em T_6 (Kodo) e T_6 (Kutki), o khichdi fortificado na proporção de 50:50 é mais nutritivo em comparação com outros khichdi formulados.
- Durante o armazenamento, verificou-se que o saco laminado era bom, em comparação com os sacos de polietileno
  para manter os produtos de boa qualidade durante o período de 90 dias.
- A formulação com 50% de Greengram T_6 tinha mais valor nutritivo do que as outras formulações de khichdi fortificado.
- O prazo de validade do khichdi fortificado formulado com T_6 (kodo + grama verde, proporção 50:50) e (Kutki + grama verde, proporção 50:50) foi o melhor em ambos os materiais de embalagem durante o período de três meses à temperatura ambiente.

6.2. CONCLUSÃO

Com base nos resultados, concluiu-se que o khichdi fortificado com uma mistura de kodo + greengram e kutki + greengram pode ser considerado o melhor, tanto do ponto de vista nutricional como sensorial. O khichdi fortificado na proporção de 50:50 com kodo + greengram e na proporção de 50:50 com Kutki + greengram foi bom em termos de proteínas e minerais. A suplementação de grãos de greengram aumentou a quantidade de cálcio, fósforo, ferro, fibras e valor calórico no khichdi fortificado. Pode ser armazenado em sacos laminados durante 90 dias à temperatura ambiente sem quaisquer perdas nutricionais. Concluiu-se, portanto, que se poderia desenvolver um khichdi fortificado de baixo custo, com alto teor de proteínas e energia. Devem também ser feitos esforços para sugerir a transferência desta técnica para os hospitais. O khichdi fortificado é benéfico para os pacientes que sofrem de diabetes na Índia.

6.3. Sugestões para trabalhos futuros

O consumo de khichdi incorporado com cereais e grãos de leguminosas deve ser incentivado, uma vez que são benéficos para melhorar o estado nutricional e de saúde da população em geral.

- Deve ser avaliada a viabilidade técnico-económica do khichdi fortificado.
- Deve ser estudada a disponibilidade de micronutrientes, o teor de fibras alimentares, a digestibilidade in vitro do amido, a digestibilidade in vitro das proteínas e dos hidratos de carbono.
- Deve ser efectuada uma avaliação biológica do khichdi fortificado formulado através de experiências com animais.
- Para identificar os vários microrganismos durante a armazenagem e a embalagem, devem ser efectuados estudos durante períodos mais longos.
- Além disso, utilizar vários tipos de material de embalagem para aumentar o prazo de validade do khichdi fortificado.
- Devem ser selecionadas cultivares melhoradas para aumentar o valor nutricional do khichdi fortificado.

REFERÊNCIAS

A.O.A.C (1995). Métodos oficiais de análise. 16th Edn. Association of Official Analytical Chemists. Washington DC

A.O.A.C. (1984). Método de análise oficial e provisório. Assoc. Official Agri. Chem. 9th Ed Washington D.C.

Aboubacar A, Kirleis AW e Oumarou M. (1999). Atributos sensoriais importantes que afectam a aceitação pelo consumidor de papas de sorgo na África Ocidental em relação aos testes de qualidade. Jornal de Ciência dos Cereais 30: 217-225.

Agrawal Deepali, Upadhyay Anubha, Nayak Sagar, P. (2013) Caraterísticas funcionais da farinha maltada de foxtail, barnyard e little millets. Annals Food Science and Technology. 14, (1): 44-49.

Ahmed S.M. Saleh, Qing Zhang, Jing Chen, e Qun Shen (2013), Nutritional Quality, Processing, and Potential Health Benefits, Vol. 12, 2013, Institute of Food Technology.

Amadou, I., Gounga M. E., Guo-Wei Le, (2013) Millets: composição nutricional, alguns benefícios para a saúde e processamento - uma revisão. Jornal dos Emirados de Alimentação e Agricultura. 25, (7): 501-508.

Arora Sema, Srivastava Sarita, (2002) Suitability of millet-based food products for diabetics. Journal of Food Science and Technology. 39, (4): 423-426, 2002.

Ashturkar PB, Pande V e Reddy S. (1992). Desenvolvimento e avaliação de uma fórmula alimentar para o desmame. J. Food. Sci. and Technol 29 (3) : 197-198.

Bagleye B e Christianson DD. (1982). Capacidade de inchamento do amido e sua relação com o efeito da viscosidade da suspensão do tempo de cozedura, temperatura e concentração Northern Regional Research Center, Agricultural Research Service U.S. Department of Agriculture Peoria. Illinois 61604.

Balasubramanium S. e Vishwanathan R., (2010). Influência do teor de humidade nas propriedades físicas de painços menores. J. Food Sci. Technol., 47(3) : 279284.

Desai AD, Kulkarni SS, Sahoo AK, Ranveer RC, Dandge PB. (2010). Efeito da suplementação de farinha de ragi maltada nas caraterísticas de qualidade nutricional e sensorial do bolo. Adv J Food Sci Technol 2(1):67-71.

Geervani P e Theophillus F. (1980). Efeito do processamento doméstico na qualidade proteica de leguminosas selecionadas. J. Food Sci. 45 : 707.

Ghavidel RA e Davoodi MG. (2011). Processamento e avaliação das caraterísticas de qualidade de alimentos compostos para bebés. Academia Mundial de Ciências, Engenharia e Tecnologias 59.

Gimbi DM e Almazan AM. (1997). Alimentos melhorados para desmame à base de milho e painço, formulação, viscosidade, qualidade nutricional e microbiana. Tecnologia de Processamento e Conservação de Alimentos 21 (6): 507-524.

Gopalan C, Ramasastr BV e Balasubramanian SC. 1996. Nutritive Value of Indian Foods. Instituto Nacional de Nutrição, Conselho Indiano de Investigação Médica, Hyderabad, Índia.

Gujral HS e Sodhi NS. (2002). Propriedades de retroextrusão da papa de trigo (dalia). Jornal de engenharia alimentar 52 : 53-56.

Islam M. Z., Taneya M. L. J., Shams-Ud-Din M., Syduzzaman M. e Hoque M. M., (2012), Propriedades físico-químicas e funcionais da farinha de arroz integral *(Oryza sativa)* e de trigo *(Triticum aestivum)* e qualidade do biscoito composto feito a partir dela. Os agricultores 10 (2): 20-28.

Johnson, D. W. (1970), Functional properties of oil seed protein. J. Am Oil Chem. Soc., 47:402.

Kanu PJ, Sandy EH, Joseph, Kandeh BA, Bahsoon JZ e Huiming Z. (2009). Produção e avaliação de papas à base de cereais de pequeno-almoço misturadas com sésamo e feijão-frade para adultos. Pakistan Journal of Nutrition 8 (9) : 1335-1343.

Kaushik G, Satya S e Naik SK. (2010). Efeito das técnicas de processamento doméstico na qualidade nutricional da soja. Revista Mediterrânica de Nutrição e Metabolismo 3(1) : 39-46.

Khan, MA, Semwal AD, Sharma, GK e Bawa AS. (2012). Estudos sobre a otimização e estabilidade da mistura de papas de trigo instantâneas (Dalia) Food Science and Technology online first.

Khanam A, Kumkum R, Swamylingappa B. (2011). Avaliação funcional e nutricional da formulação de alimentos suplementares. Food Science and Technology online first.

Kulkarni Lata R. e Naik Rama K., (2000), Nutritive value, Protien quality and organoliptic quality of kodo millet. Karnataka Journal Agriculture science. 13(1):125-129.

Kumari PL, Sumathi S. (2002). Efeito do consumo de milhete na hiperglicemia em indivíduos com diabetes mellitus não dependente de insulina (NIDDM). Plant Foods Hum Nutr 57:205-13.

Mandge HM, Sharma S e Dar BN. (2011). Papas instantâneas multigrãos: efeito do tratamento de cozedura nas propriedades físico-químicas e funcionais. Food Science and Technology online first.

Mridula D, Jain R e Singh KK. (2010). Efeito do armazenamento na qualidade do sattu de grama de Bengala fortificado. Ciência e Tecnologia Alimentar 47(1): 119-123.

Mundra A. (2009). Conceção de alimentos de baixo índice glicémico a partir de trigo dicoccum para a gestão eficaz da diabetes. Dissertação de Mestrado Universidade de Ciências Agrícolas de Dharwad.

Nagpal ML e Bhatia IS. (1971). Tryptophan content of some Indian food and feed. Indian Journal of nutrition and dietetics 8 : 183-185.

Nicole M, Fei HY e Claver IP. (2010). Caracterização de farinhas de papa compostas prontas a consumir feitas pelo processo de cozedura por extrusão de soja-milho-sorgo-trigo Pakistan Journal of Nutrition 9 (2): 171-178.

Nyombaire G, Siddiq M, Dolan KD. (2011). Qualidade físico-química e sensorial de papas de feijão vermelho extrudido (Phaseolus vulgaris L.). Ciência e Tecnologia Alimentar 44 : 1597-1602.

Park KO, Ito Y, Nagasawa T, Choi MR, Nishizawa N. (2008). Efeitos da proteína coreana proso-millet na adiponectina plasmática, colesterol HDL, níveis de insulina e expressão genética em ratos obesos diabéticos de tipo 2. Biosci Biotechnol Biochem 72(11):2918-25.

Paul Tapash, Rubel Mazumder, N.H.M., Sayed, M.A. e Akhtaruzzaman, M. (2011), Composições aproximadas, conteúdo mineral e determinação da atividade de protease da grama verde (Vigna radiata I. Wilczek). Bang. Res. Publi. J. 5(3) : 207-213.

Rahman M.M. e M.B. Uddin, (2008). Análise química e estudos do prazo de validade de papads preparados a partir de farinhas de leguminosas. Int. J. Sustain. Crop Prod. 3(1) : 712.

Reddy N e Salunkhe DK. (1980). Efeito da fermentação no fitato, fósforo e conteúdo mineral em misturas de grama preta e arroz. Journal of Food Science 45 :1708- 1712.

Reddy NR, Sathe SK e Salunkhe DK. (1982). In legumes and cereals, Advanced Food Research 28 : 1.

Rossi M, Germondani I e Casin P. (1984). Comparação de cultivares de grão-de-bico, composição química, avaliação nutricional e teor de oligossacáridos. J. Agriculture Food Chememistry 32 : 811.

Sadana B, Chabra C. (2004). Desenvolvimento e avaliação sensorial de uma formulação alimentar de baixo custo para o desmame Journal of Human Ecology 16 (2): 133-136.

Salunkhe DK e Kadam SS. (1989). Introdução, em CRC Handbook of world food legumes: Nutritional chemistry, processing technology and utilization. Vol. I, CRC Press Inc. Baca Raton Florid. 23.

Sanni AI, Onilude AA e Ibidapo OT. (1999). Caraterísticas físico-químicas de alimentos para desmame formulados a partir de diferentes misturas de cereais e soja. Z Lebensm Unters Forsch A 208 : 221-224.

Shirsat Bhawna, Patel S., Kulkarni S.D., Bakane P.H. E Khedkar Manisha (2008), Physical properties of kodo millet (Pasplum scrobiculatum L.), Internat. J. agric. Sci., Vol.4 No.2, junho-2008: 580-587.

Shobana S, Sreerama YN, Malleshi NG. (2009). Composição e propriedades inibidoras de enzimas dos fenólicos do revestimento de sementes de milho-miúdo (Eleusine coracana L.): modo de inibição da a-glucosidase e da amilase pancreática. Food Chem 115(4):1268-73.

Velu V., K. Balaswamy, A. Nagender e D.G. Rao, (2004), Effect of various ingredients and additives on papads. Food service Research International. 15(2) : 78-88.

Vidyavati, H.G., Begum, M.J. Vijayakumari, Sumangla, S. G. e Shamshad Begum, (2004). Utilização de milho painço na preparação de papad. J. Food Sci. Technol. 41(4) : 379-382.

Vijayakumari T. Poongodi e Jemina Beryl Mohankumar (2009), Formulação e caraterização da mistura de farinha de painço incorporada na farinha composta. International J. of Agri. Sci., 1(2): 46-54.

Yadav Neelam, Chaudhary Kanchan, Singh Alka, Gupta Alka (2013) Evaluation of hypoglycemic properties of kodo millet based food products in healthy subjects, Volume 3, Pp 14-20.

MIX
Papier aus verantwortungsvollen Quellen
Paper from responsible sources
FSC® C105338

Printed by Books on Demand GmbH, Norderstedt / Germany